当代学术棱镜译丛 现代日本学术系列

丛书主编 张一兵 副主编 周宪 周晓虹

带你踏上知识之旅

[日] 中村雄二郎 山口昌男 著　 何慈毅 译

知の旅への誘い

南京大学出版社

南京大学出版社

《当代学术棱镜译丛》

总　序

　　自晚清曾文正创制造局,开译介西学著作风气以来,西学翻译蔚为大观。百多年前,梁启超奋力呼吁:"国家欲自强,以多译西书为本;学子欲自立,以多读西书为功。"时至今日,此种激进吁求已不再迫切,但他所言西学著述"今之所译,直九牛之一毛耳",却仍是事实。世纪之交,面对现代化的宏业,有选择地译介国外学术著作,更是学界和出版界不可推诿的任务。基于这一认识,我们隆重推出《当代学术棱镜译丛》,在林林总总的国外学术书中遴选有价值篇什翻译出版。

　　王国维直言:"中西二学,盛则俱盛,衰则俱衰,风气既开,互相推助。"所言极是!今日之中国已迥异于一个世纪以前,文化间交往日趋频繁,"风气既开"无须赘言,中外学术"互相推助"更是不争的事实。当今世界,知识更新愈加迅猛,文化交往愈加深广。全球化和本土化两极互动,构成了这个时代的文化动脉。一方面,经济的全球化加速了文化上的交往互动;另一方面,文化的民族自觉日益高涨。于是,学术的本土化迫在眉睫。虽说"学问之事,本无中西"(王国维语),但"我们"与"他者"

的身份及其知识政治却不容回避。但学术的本土化决非闭关自守,不但知己,亦要知彼。这套丛书的立意正在这里。

"棱镜"本是物理学上的术语,意指复合光透过"棱镜"便分解成光谱。丛书所以取名《当代学术棱镜译丛》,意在透过所选篇什,折射出国外知识界的历史面貌和当代进展,并反映出选编者的理解和匠心,进而实现"他山之石,可以攻玉"的目标。

本丛书所选书目大抵有两个中心:其一,选目集中在国外学术界新近的发展,尽力揭橥域外学术 90 年代以来的最新趋向和热点问题;其二,不忘拾遗补缺,将一些重要的尚未译成中文的国外学术著述囊括其内。

众人拾柴火焰高。译介学术是一件崇高而又艰苦的事业,我们真诚地希望更多有识之士参与这项事业,使之为中国的现代化和学术本土化作出贡献。

丛书编委会

2000 年秋于南京大学

目　　录

1 / 旅程之始

5 /　　　　　**第一部　踏上求知的旅途**

7 / 一、好奇心——求知的渴望

15 / 二、身体力行脚踏实地

23 / 三、就地取材动手改造

30 / 四、饮食——味觉辨别

37 / 五、方向产生意识

44 / 六、记忆——表象感觉

51 / 七、同行者——另一只眼睛

58 / 八、迷宫——走进深层世界

66 / 九、时间的发现——节奏与祭典

73 / 十、周游世界——深化知识

81 /　　　　　**第二部　探索知识的冒险**

83 / 一、旅途之始

94 / 二、旅行风格

105/ 三、穿越边境

114/ 四、旅行日志

138/ 五、探索边缘

146/ 六、旅行轨迹

154/ 旅程之末

旅程之始

　　现在有越来越多的人迫切希望对知识进行革新或激活。这不仅仅显示了，在当代这个巨大的变革时期，既有的各种研究及理论面对多层次的现实社会所提出的各种根深蒂固的问题难以给出充分的解答，也不仅仅显示了研究及理论在目前阶段普遍地落后于现实。与此同时，这还显示了目前研究及理论的实际状况本身（特别是这些主张僵化且过于死板，对整体和深奥的现实感觉麻木等等）必须从根本上进行反思。

　　人们随心所欲地将自己的专业划分得很狭窄，并给它制定一个框框，然后自己心安理得地躲在里面；或者是害怕失败，因而不再去进行探险和面对挑战；又或者在已经当作标签的客观性及普遍性的名义之下逃避自己的责任等等。这些都只不过是既有的研究和理论的实际状况所导致的结果而已。

　　即便如此，许多研究及理论还是丧失了自我革新的能力，没有了创造性。细细想来，这着实让人感到不解。为何这么说呢？因为研究和理论（也就是"求知"）本来首先就是我们人类为了超越自己而产生的活动。从这个意义上来说，理应是一种极具自我革新和创造力的活动。研究和理论就如同人类的生命，应该是具有自我革新能力的，应该是自由自在、无拘无束的。

　　当然，普遍来说，人们并不认为研究和理论真的是那么无拘无束的，相反总是一味地把它看作是一种具有体系的、固定不变的东西。但是，所谓研究和理论的体系性和不变性，实际上本该是一种为了使思维活动变得更为自由而舒展的方式。因此，如果一味地把研究和理论看作是有体系的固定不变的事物，这就好比是在音乐方面，将写在五线谱上的管弦乐乐谱和演奏表演调转了过来一样。

　　包括研究和理论在内,我们人类的求知活动(其中甚至可以包括艺术方面的创作行为)应该是一种超越了日常生活中习惯性状态的行为,应该是能带来生机勃勃的生命轮回的行为(即便经历一些理论性的修养及技巧上的训练之类的弯路是也有必要的)。也正是在这个意义上,我们人类的求知活动极像那充满了冒险的旅行。大凡有关人类社会的求知活动,并不是只要躲在书斋里面进行观念性的操作就行了的,而是需要脚踏实地、身体力行地去亲身感受。这本来就是不可或缺的前提。现在这个道理渐渐地清晰起来了。

　　如果真是这样,那么让我们再来重新回顾一下对人类而言"旅行意味着什么"这个问题,把"求知"和"旅行"放在一起进行思考,这样不就可以让光线投射在平时难以察觉的、生动而跳跃的求知活动上,使其清晰地展现在我们面前了吗? 换而言之,通过将"求知活动"隐喻为"旅行",我们不就可以找出在当前人们的求知活动中哪几个方面最为欠缺,以及哪些事情才是问题的关键所在了么?

　　作为这本书的作者,我们两人是因某件事情的机缘,想到了把求知活动隐喻为"旅行"的,于是两个人从各自的视角出发,尝试着来进行所谓《带你踏上知识之旅》这项工作。我们两个人赖以立足的研究领域不同,一个是哲学(中村),一个是文化人类学(山口),但是在这之前,我们两个人不仅经常共同享有着有关求知活动的研究领域,而且还常常相互涉足到对方的研究领域中去。

　　当然,这既不是什么要想把人类学融合在哲学之中,也不是意欲把哲学溶入人类学之中。相反,在现在我们越来越清晰地看到,哲学和人类学作为一种思考的形态,其关系就像是椭圆形中的两个圆心,既相互抗衡又相互关联。而且,哲学和人类学这两个领域除了在思想方面之外,其他方面也都有着密切的关联,我们只要想一想曾经的人间学发展成了现在的人类学这个过程,就可以理解这也决不是什么新生事物了吧。

　　如此这般，我们两个人想到了把求知活动隐喻为旅途，两个人从各自的研究出发，来合作开展《带你踏上知识之旅》的工作。这种想法如果顺利的话，将一定会成为一个非常有价值的尝试。时髦一点来讲，就是所谓"哲学知识和人类学知识的交叉"吧。但问题是，在这里我们该怎样做才能取得最好的"交叉"效果呢？

　　在一开始，我们也曾经考虑过两个人各写十个章节，一章隔着一章交叉起来，采取如同字面所表达的"交叉"形式。但是实际动手尝试了一下以后发现，这样的结构反而不能够自由自在地进行表述，两个人也难以发挥各自的特点。而且，对于读者而言，很可能读起来会觉得累赘难读。因此，进行了一番思考后决定，正如各位现在看到的目录那样，分成了第一部和第二部，各自负责其中的一部。

　　或许有人会认为，这样一来，两人好不容易想到的合作意图不就不能够得到发挥了么？放心，决不会发生这样的事情的。为什么呢？因为我们两个人以这样的形式各自负责第一部和第二部，一方面两人的职责分担反而清晰了，另一方面各自承担的部分（包含了交叉的命题）将会构成一个具有一定程度的连贯性和条理性的世界，两者相互呼应取得共鸣。而且，这样一来，哲学知识与人类学知识相互重叠的地方和相互偏离的地方也就自然而然地显现出来了。

　　具体来说，也就是在第一部《踏上求知的旅途》（执笔者：中村雄二郎）中将会阐述，对于人类而言旅行意味着什么，在旅途中人类最原始的实际状况以及问题将会以怎样的形式呈现出来，还有，当我们以这种旅行做隐喻来进行思考的时候，那将会打开一个怎样的求知世界等等问题。其中又选择了"好奇心——求知的渴望"、"身体力行脚踏实地"、"就地取材动手改造"、"饮食——味觉辨别"、"方向产生意识"、"记忆——表象感觉"、"同行者——另一只眼睛"、"迷宫——走进深层世界"、"时间的发现——节奏与祭典"及"周游世界——深化知识"等作为章节的主题。之所以选择这些问题作为主题，是因为考虑到这些问题以各种不同的形式反映了人类活动最基本的实际状况，而这些问题又会在旅行这样一个特定条件下相互关联，表现得更具有切实的意义。

第二部《探索知识的冒险》（执笔者：山口昌男），继第一部《踏上求知的旅途》进行的原理考察之后，将会把在充满了自我冒险的求知旅行中所经历的种种体验，通过"旅途之始"、"旅行风格"、"穿越边境"、"旅行日志"、"探索边缘"、"旅行轨迹"等主题淋漓尽致地展现在我们面前。这是一部独自周游个人求知的历史，也是一部与新旧、内外等各种各样具有刺激性的理论、事物及人物不期而遇的记录。同时这也将会把当代这个知识更新的时代、研究领域重组的时代所包藏的种种问题，自然而然地彻底地暴露在阳光下。

因此，第一部《踏上求知的旅途》和第二部《探索知识的冒险》，概而言之，前一部是带有哲学性的原理篇，而后一部则是具有人类学意义的实践篇。当然，这样的区分最终不过是一个大致的定位而已。正如第一部并非仅仅停留在原理方面，自然而然也包含了不少实践性的要素一样，第二部也不仅限于实践方面，还带有十分明显的原理方面的特征。甚至不如说，我们之所以不得不这样安排，那是因为其中自有将"求知之旅"作为主体的趣味。而且，作为主体，也很值得将两者搭配在一起。

来吧！那就让我们出发，《踏上求知的旅途》进行《探索知识的冒险》吧！

中村雄二郎

第一部

踏上求知的旅途

中村雄二郎

一、好奇心——求知的渴望

当我们外出旅行，准备进行一次充满了未知和偶然因素的旅行时，总会感到一种难以名状的悸动与兴奋。这和想要去一个什么地方，或者想要查找一样什么东西，等等类似具有某种目的的自我意识不同。这是一种带有一丝不安的心理骚动。怀着这样一种心理启程去旅行，就被抹上了一层独特的感情色彩。正如国铁①的广告歌唱的那样："良辰吉日，让我们出发去旅行！"（这可能是从"哪天想做哪天就是好日子"这个自古以来的寓言中得到的启发吧。）启程去旅行之所以会带有明显的戏剧性或者祭典性，那是因为抹上了这样一层感情色彩的缘故吧。车站、月台或机场都是启程去旅行的地点，这在现代生活中构成了为数不多的具有浓厚意义的空间。在这里，我们每天可以看到很多小小的（有时候是大的）戏剧或者祭典仪式，这一点我们谁都清楚。

我们的一位先哲松尾芭蕉②巧妙地捕捉到人们踏上旅程时心理上的那种不可思议的状态，他在旅行记《奥之细道》中这样描写道："春霞当空而立，欲渡白川之关。鬼魂扰我心狂，幸遇道神引领。"这是极为有

---

① 现在日本铁路公司（JR）的前身日本国营铁路公司。——译者注（以下尾注均为译者所注）

② 松尾芭蕉（1644—1694），日本著名俳句诗人，《奥之细道》是他在 1689 年 3 月至同年 8 月去日本北陆旅行途中所写的旅行记，是其纪行文中最具代表的作品。

名的章句,其中"鬼魂扰我心狂,幸遇道神引领"一句清晰地表现了旅行具有超越日常生活自由自在地飞向奇异世界的一面。

飞向奇异世界的说法听来或许有些夸张,但这如同中西进①在《狂热精神史》(讲谈社)一书中通过上田秋成②的论芭蕉,认识到芭蕉的旅行就是"带你走向世外"一样。也就是说,秋成在《去年的折枝》中评论芭蕉旅行的时候,尖酸刻薄地把芭蕉的旅行说成是"漂泊流浪""遇事疯狂"的举止。虽然芭蕉自己故作风雅地给羁旅形象涂上了一层迷彩,但是如果剥去了这层迷彩,剩下的就是秋成笔下所描绘的"癫狂漂泊流浪"的样子了。中西进认为:"我想或许这样更能够深刻地体验到漂泊的忧伤吧。如此这般,芭蕉的癫狂从根本上把他自己带到了世外。"总之,这里所说的世外并不仅仅是指世俗之外。

旅行能够把我们在具有惰性的日常生活中被尘封了的心扉打开,使我们的心中充满了种种憧憬。与此同时,也正是这个原因,我们的神经变得敏感起来,对旅行中即将前往的每一个地方都会感到丝丝不安。芭蕉并没有疏忽了这一点,他这样写道:"梦幻在歧路,别离泪如雨,前途三千里,胸中满思绪。"这里所说的"梦幻在歧路"在《奥之细道》的注释本《奥细道菅菰抄》中解释为"犹如世俗所谓梦幻世界,比喻人生如梦"。人在旅行中与日常平安无事的生活相比,会变得审视自己起来。虽然在今天,踏上旅程时的别离也没有从前那样气氛凝重了,但其中还是存在着某种使我们感到隐隐不安的因素。

前面说过,旅行将我们的心扉打开,使我们的心中充满种种憧憬。但是这不仅仅是指在准备外出旅行的出发之际,而是只要你仍然在继续旅行的途中,任何时候都可以这么说。旅途中的所见所闻常常会给我们一种清新的惊诧,旅途中所遇到的事情往往带给我们一种强烈的感动,这是大家都有过的经历吧。有人说,当人们一踏上路程,不管是

---

①　中西进(1929—),日本古典文学家,是日本《万叶集》研究的大家,其代表作有《万叶集比较文学研究》《万叶史研究》《万叶与海彼》等。

②　上田秋成(1734—1809),日本江户时代的作家、和歌俳句诗人、茶人、国学家。

谁都成为了"艺术家",成为"诗人",其实所指的就是这种经历。

之所以说成为"艺术家"、成为"诗人",不是因为得到了什么新的特别的能力。相反,这是因为人们找回了自己本来就具有的生动活泼的感受性,也是因为旅行把自己从普通生活、日常生活的惰性中解放了出来。所谓"日日新"这种人类生活的理想状态,即便是在日常生活当中也是可以实现的。本来我们就应该以这样一种状态来迎接每一天的,然而实际上要做到这一点是非常困难的。

在旅途中(在充满了未知和偶然因素的旅途中),每一天对于我们而言不得不说都是新的。于是在这种日日新的状态中,我们的好奇心更加被强烈地激发出来并且产生着作用。一般来说,提到"好奇心"之类,很多时候人们都不太会从正面去理解。比如把好奇心理解为对一些无关紧要的事情也要刨根问底地打听一下有没有什么感兴趣的东西,或者是理解为好管闲事之类。然而,所谓好奇心其实就是一种渴望,一种求知的渴望,它是我们人类求知活动的根源。

我说过"好奇心"一般不太会被人们从正面去理解。其实这是因为在这之前的很长一段时间里,热情渴望(情感、激情)本身被普遍认为是粗俗卑下的东西。热情渴望被认为是一种扰乱人们内心平静,使得人们远离真理的东西。但是这种观点只不过是极其片面的认识而已。我想起了作为《百科全书》的编者而闻名于世的德尼·狄德罗①,他曾经在《哲学的思索》中就这一点说过非常贴切的话。

就是说,人们只看到情感(热情)不好的一面就随随便便排斥它。情感一方面不仅是一切苦恼的根源,但同时在另一方面也是所有喜悦的根源。只有通过伟大的情感,人类的灵魂才可能到达伟大的境地。反过来,谨慎保守的情感则产生平庸的人,而孱弱的情感将会把最优秀的人也给糟蹋断送了。狄德罗说:"如果一味地谨慎保守,就会失去自

---

① 德尼·狄德罗(Denis Diderot, 1713—1784),法国启蒙思想家、文学家,《百科全书》(1751—1772)的主编。

然界的伟大和能量。就拿树木为例,正因为树木任由枝叶繁茂,我们才能够得到凉爽宽阔的树荫,一直到冬天来临繁茂的树叶凋零为止,我们都可以享受树荫。我们差不多每个人都小心翼翼地生存着,当你到了人老气衰的时候,无论你是吟诗作画还是搞音乐,都不能够做到尽善尽美了。"当然,我们也不可忘了狄德罗的这种观点是有前提的,他说:"这些只是发生在当情感保持了一个恰当的和谐的时候。"

谨慎保守的情感产生平庸的人,凡事小心翼翼就不可能产生创造力。这是一个非常重要的观点,它为我们揭示了一个陷阱,并告诉我们过分抑制及持禁欲态度的人很容易掉落进去。不言而喻,这不仅关系到诗、绘画、音乐之类狭义上的艺术领域,而且还关系到更为广泛的人类求知活动和精神活动。因此,无论是多么小的事情,为了每天都能够怀着一种由发现和创造带来的喜悦心态生活下去,我们必须比通常所能想到的状态更充满活力地去保持住一颗求知渴望的好奇心。

所谓求知渴望的好奇心,就是我们对世界、自然及事物所表现出的一种强烈的兴趣。而且似乎可以说,与知识以及其他任何东西相比,兴趣才是所有文化和研究的原动力。是兴趣开拓了知识。比如就有下面这样一个事实,构成我们人类文化基础的是语言及概念体系,但这些体系的精密程度因文化的差异各不相同。而这里所说的各不相同并不是指属于这种文化及社会的人们在求知能力上的差异,而是指他们对事物的细致部分表现出的兴趣有多少,也就是兴趣程度上的差异。而列维·斯特劳斯①在《野性的思维》一书中以一种极具说服力的形式将这一重要事实展示在了我们眼前。

斯特劳斯是通过一位女性人类学家史密斯·鲍恩对亲身经历的回

———————————

①　列维·斯特劳斯(Claude Levi Strauss,1908—2009),法国著名社会人类学大师、哲学家,法兰西科学院院士,结构主义人类学创始人。2008 年 11 月法兰西学院为其举办 100 周岁生日典礼,由于其本人的身体状况无法前往巴黎出席寿典,总统萨科齐于是亲自前往列维家中拜寿。主要著作有:《亲属关系的基本结构》、《人种与历史》、《结构人类学》、《图腾主义》、《野性的思维》等。

忆来进行描述的。据说史密斯·鲍恩在非洲对某个部落进行调查的时候，首先一步是想学习他们的语言。那时候在最初阶段当地一些给她提供信息的人收集了很多植物标本来，一边出示标本一边说出各种植物的名字，用这种方法来教她当地的语言。这种方法对当地的人来说是最自然不过了，但是鲍恩却不能够识别这些植物。为什么呢？不是因为不熟悉这些植物，而是因为在这之前她对植物界那丰富而多姿多彩的情况根本没有兴趣。相反，当地人则深信不管是什么人都理所当然地具备了这种兴趣。

用史密斯·鲍恩自己的话来说："对他们而言，植物与人同样的重要，而且关系一样密切。而我却没有在农家生活的经验，连区分哪是秋海棠、哪是大丽花、哪是矮牵牛都没有自信心。""我现在进入的这个社会，不管是野生植物还是栽培植物，只要是植物都清楚地拥有其固定的名称和用途。在这个世界里无论男女老少，谁都懂得几百种植物。我无论如何也不可能像他们那样想要去了解植物。而且，就算我把自己的这种状况说给他们听，他们也不会有任何人相信我说的是真的吧。"

从这个例子我们可以得出以下结论，就是我们之所以能够对事物进行分类、识别和命名，首先是因为我们对此感兴趣。因此，如果我们对某事物完全不感兴趣，那么不管我们自己怎样有意识地想要去了解它，也是无法做到的。按照这样的推断，如果我们想要把求知活动进行得活跃一些的话，那么我们首先必须牢牢地保持住兴趣。进而言之，就是有必要培养自己的兴趣与爱好。也就是要找出自己认为有意思的东西，然后毫不犹豫地将目光投向它。自己都觉得没意思，或者不再感到有意思了的事情，无论你如何小心翼翼地把它捧在怀里也是不可能从中得到任何新东西的。

在求知活动中，我们是不是更应该重视"有趣"这个因素呢？所幸的是，出自同样的观点，福田定良①氏在《"有趣"的哲学》（平凡社）中也

---

① 福田定良（1917—2002），哲学家，毕业于法政大学，任法政大学哲学系教授。

把"有趣"作为一个探讨对象。他首先是从英语的"interesting"去寻找线索的。据他所说，所谓"interesting"就是"存在（est）"于某些东西"中间（inter）"的意思，与某些东西有着明显的关系的意思。这里所说的"中间"也可以说是如艺术和娱乐之间，或者戏剧和生活之间，但是最根本的是指人与人之间。对于人类而言，没有比人更有趣的东西了。然而在今天，对人类而言，人正逐渐变得毫无趣味了。而且，政府和国民之间、教师和学生之间、父母和子女之间也明显地存在着断层，人们所持有的思想与思想之间也出现了断层。

还有，意寓"有着明显关系"的这种"有趣"也是来往于"我"与"物"之间的一种意识。也就是说为了感到有趣，首先必须存在一个觉得有趣的"我"，与此同时又必须有一个有趣的"物"。

福田定良氏的这种对"有趣"的阐述，作为对"interesting"的词源解释虽然是有些勉强，这一点福田氏自己也意识到了，但是他把"兴趣"及"爱好"扩展到激活人与人、物与物、问题与问题等等关系的层面上来认识是极具慧眼的。

英语"interesting"当然有"感兴趣"、"感到有意思"之类的意思，现在这也成了一般常用的意思了。但是，它本来的意思则是"让对方参加自己的事业及企业"，"允许别人参与到利害关系中来"。因此，这里存在的是围绕利益的人际关系。这一点从对英语"interest"解释中也可以看出。英语的"interest"除了兴趣和爱好之外，还有利害关系、股份、专利权、利益、利息等等的意思。

那么，现代日语中的"OMOSHIROI"即"有趣"一词意思的扩展又是怎样的呢？《岩波古语辞典》中对古代日语"OMOSHIROSHI"的词源的解释是这样的："OMO 是面、正面或面前的意思，SHIROSHI 是白色，即看到明快的风景、明亮的东西以后眼前一亮的意思。另外还有心情轻松愉快的意思。并引申为表示享受音乐、酒宴等时候的愉快，进而又发展到了一般表示对文艺、装饰及其他东西的知觉、兴致。"由此可见，词源又衍生出了以下几个语义：（一）因"明快的景色及风景"心情也好像轻松愉快了；（二）因"心情放开"而感到快乐愉快；（三）表示被吸引住了或者迷恋上了的样子，兴致勃勃的样子。另外，现代日语的"OMOSHIROI"还增加了"滑稽、可笑"的意思。

日语的"OMOSHIROI"与英语的"interesting"相比较，在表示感兴趣和有趣的意思上差不多是吻合的，但是在表示利害关系的意思方面，日语则完全没有这种含意。如果我们把工作与娱乐作为参照物来看的话，那么就会出现如下结果：英语的"interesting"可能是与工作及实际利益有关，而日语的"OMOSHIROI"只与娱乐及兴致有关。这种差异很值得关注，我们可不能一带而过无视这种差异。但是，这种差异究竟是不是绝对的呢？

利害关系和实际利益确实关系到我们人类生存的现实的物质基础。尤其是在生存条件十分艰苦的社会，对利害得失的关心要比对其他事物的关心来得优先，甚至只有利害关系被凸显了出来。然而，就人类感兴趣的所有事物而言，利害关系只是其中极为有限的一部分而已。我们所涉及到的关系更为错综复杂而且是多元化的。当我们把这种多元化的关系归纳起来认识的时候，就成为对人类生存的理想状况的兴趣了。

其实，日语的"OMOSHIROI"也是和这种对人类生存的理想状况的兴趣联系在一起的。只是在这种时候，人们是以诸如眼前一亮这样的开放感及兴致等等的心理活动，来认识世界、自然及事物与我们之间的关系的。与"interesting"相比，"OMOSHIROI"之所以偏重娱乐，其原因就在于此。

还有，日语古语中与作为求知渴望的好奇心相对应的词有"SUKI"，即喜好和风雅的意思，但这也是一个意思相当含蓄的词语。恰巧我正在读司马辽太郎①和林屋辰三郎②两位的对谈集《历史夜话》

---

① 司马辽太郎(1923—1996)，日本历史小说家。主要作品有：《项羽与刘邦》、《义经》、《丰臣家的人们》、《龙马来了》等。
② 林屋辰三郎(1914—1998)，日本历史学、文化史学家。代表著作有：《日本历史与文化》、《日本文化的东与西》、《日本艺能史论》等。

（小学馆），偶然遇到了对这一问题颇有启发的话题。他们说日语中的
"SUKI"首先是表示对合乎自己心意的东西非常热衷，对此心驰神往一
心一意的意思，而实际上在这背后还存在着另一层极为相近的意思，那
就是"失去了控制以致招徕不幸的命运"（坎坷的命运）的意思，进而还
有"自由放任想做什么就做什么"即随心所欲的意思。还说或许由此可
知日语的"SUKI"是一个"非常带有冒险性的词"，是一种冒险的情绪状
态。因此，我们也应该充分地认识到"SUKI"的这种冒险性吧。

所谓好奇心，就是指以清新的心情对不期而遇的事物感到惊奇的
这样一颗心，就是求知的渴望。而"爱智慧"或"哲学"（philo-sophia）原
本也应该就是这样一种心境。

二、身体力行脚踏实地

当我们即将踏上路途较远、时间较长的旅程时,我们无论如何都必须考虑到的是自己的身体状况、身体方面的条件。不管是对自己的身体充满信心或是没有自信的人,或者从年龄上讲是年轻人还是上了年纪的人,当然具体情况有所不同,但是基本上没有什么差别。当踏上旅途之后,人人都得比平时更加保持好健康状态。以前旅行时就一直有"水变味了"、"枕头变样了"或者是旅途中身体状况发生了变化等等的说法。这就是因为在旅途中我们自己的身体处在了一个完全不同的环境当中,平衡和节奏被打乱了的缘故吧。近来还有因为乘坐飞机旅行而产生的时差问题,它甚至将我们适应昼夜循环的生物钟也给搞乱了。

就是因为上述理由,在旅行中从各个方面来讲,我们的身体都处在一个与平时完全不同的环境之中。因此,我们在旅行中必须要特别注意,别把我们身体的生物平衡和节奏搞乱了,不要生病。而当我们一想到这些,就立刻会感到我们的躯体成了旅行中最麻烦的负担了。当独自一人在外地某个偏远地方旅行时,身体状况突然变差,那么这"负担"就会彻底变得又可气又可恨了。现在,我们获取信息的手段进入了一个高度发达的时代,如果我们有什么想看想知道的东西,用不着特意驱动我们的身体跑到遥远的当地去了,通过电视、电影及书籍就可以观看或了解到大致的情况。

事实上，现在我们呆在家里通过电视、电影及书籍就可以了解到有关遥远的国度以及生活在那里的人们的情况，甚至有很多人在这方面所具有的知识比专家们还多。但是，无论获得信息的手段多么发达，即便是人们通过这些手段可以间接地观看到或者获得相当深入的信息，人们还是依然会外出旅行。这是为什么呢？一般而言，那是因为人们想要直接观察或直接了解一些事物。也就是说，即便是间接地见到或听到了的事情，人们也还是想再去亲眼看一看，直接确认一下的。

然而，就算我们驱动自己的身体专程来到当地，直接亲眼看到了那些想要见的事物，但很多时候也还是得不到比我们通过电视、电影及书籍所间接见到或了解到的东西更多的信息。尤其是团体的套餐旅行等更是如此。旅行日程安排得很详细，按照安排好的日程，坐上观光巴士走马观花匆匆忙忙地游览了一圈就回来了。如果人们是按照外界的节奏所规定好的角度来观察众多事物的话，那就算不上是亲眼所见。无论临场气氛有多么浓厚，这种临场也仅等于是坐在电影院里看立体电影的那种感觉吧。我并不是说所有的团队套餐旅行都没有意义，我想那还是自有它很多可利用、活用的地方的。不过，如果弄得不好的话，就好像是寄居蟹背着自己的壳在移动一样，就像是进入了一种容器，随着容器在移动，也就算不上是将自身放在了一个与平时不同环境或性质各异的场所之中。

由此我们可知，在旅行中我们原本具有的知觉和经验比平时我们想象的要更能发挥出体验性感觉。这里所说的体验性感觉包含了触觉、肌肉感觉、运动感觉，它构成了一个根本感觉，即共通感觉的基础，以整合我们所说的五种感觉（视觉、听觉、嗅觉、味觉和触觉）。我们认识空间的性质、场所的情形还有人性节奏以及时间的感觉就是以这种体验性感觉为基础的共通感觉（详细请参照拙著《共通感觉论》，岩波现代选书）。在旅行中，我们不断地将自身置于不同的环境和性质各异的场所，去接触有着各种节奏和时间的文化及习俗。这不正是旅行的经验所在么？

因此,无论交通手段有多么发达,就算现在可以利用方便的交通工具了,但旅行的要义还是在于必须身体力行、脚踏实地用身体去感受吧。脚踏实地地环游,例如与坐汽车相比,确实是效率很低。而且坐汽车环游的话可以看到很多事物,要是徒步旅行或者乘坐电车之类的交通工具旅行的话,能看到的东西极其有限。其结果一般来说,徒步旅行与乘汽车旅行相比,从得到信息的量来看,很容易被认为是后者众多而丰富、前者稀少而贫乏。然而,果真如此吗?

我认为很难说一定如此。确实,从眼睛所看得到的,确切把握得到的信息的量来看,坐汽车旅行要来得众多而丰富。但是回过头来想一想,乘坐在车上的时候,我们的感觉和认识只是在一个受到限制的状况下运作。所以从体验性感觉和共通感觉的观点来看,徒步旅行所得到的信息的量要来得更多而丰富。乍一看或许有人会认为,徒步旅行通过体验性感觉和共通感觉所得到的与其说是信息倒不如说是杂音,而且看上去这些信息或许是多义且暧昧的东西。但是,多义未必就与暧昧有关,也可以是表现空间的舒适感觉,或是走在街道上的愉悦心情等等。

也就是说,一些在视觉效果上可成为一幅图画的地方和场所,我们到现场去看了以后不一定能得到更多的信息。而是因为我们到了现场,那些场所和建筑物给予了我们种种感觉,使我们身在其中感到愉快或不愉快,爽朗或郁闷,阳光灿烂或阴气十足等等。还有,一些街道,我们身体力行地去走一走,或许会觉得容易亲近、感觉很好,又或者感到很陌生、心生厌恶。而这种种感觉是很难简单地把它都形象化了来把握的。由于它还是带有一种暧昧感觉,因此尽管实际上很多时候我们会受到它的左右,但却很少有人去合理地评价它。不过,这就是体验性感觉的问题。

前面提到,体验性感觉是整合五种感觉的根本感觉,即共通感觉的基础,并成为其极为重要的一部分。但是共通感觉,如视觉和听觉那样,当它以能够认识到遥远事物的远距离感觉为主的时候,就会增加识别能力,成为一种理性的具有分析性的知觉。但是另一方面,当其将重点放在了作为广义的触觉(称之为内触觉的东西也包括在内)的体验性感觉上的时候,就变成了具有整体形象的空间性知觉了。而在作为我们人类栖息地,诸如房屋及城市这些具体的场所体验到的经验中,或者在生活空间里得以生存的经验中,起作用的就是体验性感觉中的后者。

这种体验性感觉的知觉当然不单单是触觉上的东西,也不是同视觉和听觉切割开来,与视听毫无关系地发生作用的。它作为共通感觉的一部分,自然而然地与视觉和听觉相互合作。但在这时,视觉和听觉不是在单独行动,它们也都起着体验性感觉的作用。就是说视觉和听觉也起着触觉上的作用。虽然在前面我说过旅行把我们的心扉打开,使我们的心中充满了憧憬。而且还说过旅行帮我们找回了生动活泼的感受性。不过那都表明了在旅行中体验性感觉的知觉功能被释放出来了。

旅行是一件极具身体力行的体验性感觉的事情,首先得把自身置于和平常不一样的环境之中,挪动身体脚踏实地才能真正体验到旅行的趣味。人们重视挪动身体脚踏实地,或许看上去这只不过是回归自然而已。但是事实绝非如此。比如,自古代希腊以来,学术研究尤其是哲学研究,一直与行走也就是散步或逍遥有着很密切的关系。众所周知,亚里士多德学派就被称作"逍遥学派",而在海德堡和京都有被称为"哲学小径"的散步小道。

不过,今天在这里从我们的观点来看,首先最不能够忽视的是胡塞尔①用了"动感"一词来表示。所谓"动感"意思就是运动感觉,但是这里所指的运动感觉并不是一般意义上对运动的认识和感觉,而是指运动着的知觉。换而言之,就是通过身体的运动和活动得以维持的人类所具有的根本性的知觉。依据胡塞尔所言,形成这种运动感觉的基础

---

① 胡塞尔(Edmund Husserl,1859—1938),德国哲学家,20世纪现象学学派的创始人。其主要著作有《算术哲学》、《逻辑研究》、《纯粹现象学和现象学哲学的观念(第一卷)》以及《欧洲科学的危机和先验现象学》。

就是触觉功能，只有在这个基础上才会形成视觉性的空间。也就是说，首先视觉空间是由眼球运动所构成的，然后随着一只眼球转移到两只眼球，再发展到上下、左右更深的层次，接着再由头部运动进展到步行运动，随之，这种已经构成的视觉空间又作为远近法的空间呈现出来。进而胡塞尔又将这种运动感觉意识（运动着的知觉意识）解释成是一种作为知觉事物的基础意识的世界意识。并认为这种世界意识和身体意识（有关身体的意识）属于一种相互包容的关系（新田义弘，《现象学》，岩波书店）。

胡塞尔所说的这种动感与我说的各种感觉即"体验性感觉的整合"虽然并不完全重叠，但是基本上来说观点是相同的，它清晰地展示了：用我们人类的脚徒步行走而产生的运动感觉，即活动的身体感觉，对于我们感知世界起着怎样一个根源性作用。如上所述，驱动肢体身体力行是和高度的求知活动联系在一起的。

关于这一点，颇有意思的是，我们就是从"活动的运动的身体"这一观点出发，逐步揭开了我国的两位智慧巨匠夏目漱石[①]和小林秀雄[②]的知识结构和秘诀的。这两位巨匠一直左右着近现代日本人求知的深层部分。首先就夏目漱石而言，他的小说总是散发着一种不可思议的魅力及具有理想状态的重要一面，莲实重彦[③]在《夏目漱石论》（青土社）中称其为"横亘的漱石"。

莲实指出，几乎漱石的所有小说都有一种定式，那就是故事情节都是围绕保持着躺卧姿势的人物展开的。比如，在其处女作中，漱石就让

---

①　夏目漱石(1867—1916)，日本近代文学家，被誉为日本"国民大作家"。主要作品有：《我是猫》、《哥儿》、《旅宿》、《三四郎》、《其后》、《门》、《薤露行》、《心》和自传体小说《道草》。

②　小林秀雄(1902—1983)，日本文学家及文艺评论家。著有：《私小说论》、《陀思妥耶夫斯基的生活》、《所谓无常》及《莫扎特》等。

③　莲实重彦(1936—现在)，日本当代文艺评论家、表象文化论学者，曾任东京大学校长。主要著作有：《平庸的艺术家肖像》、《反日语论》、《表层批评宣言》及《导演小津安二郎》等。

第一人称的猫为了书生的午睡习性而感叹说："可憎的主人在这一点上习性颇像猫"，"睡起午觉来可不比我们猫少呢"。而在其遗作《明暗》的开头部分就描写到："医生询问之后就从手术台上把津田弄了下来"，开头第一行的描写就为整篇作品定下了基调。漱石作品中的许多人物似乎都要以这种形式才算是具备了主人公可靠的资格，随时随地都可能躺下身体来。在漱石的小说里，躺卧这个动作带着某种含义，与语言的产生有着深深的关联。

莲实还指出："躺卧"一词概括了语言中上至最具象征性的意义、下至就事论事地表述作用，漱石风格的作品都是围绕着"躺卧"一词而进行的生动尝试，就是说作者直截了当地向保持"躺卧"姿势的人提出了"你能做些什么"的质询。莲实按照这样一种观点对漱石的作品进行了种种考察。不过，或许有人会感到诧异，并提出质疑说躺卧怎么会是运动性的呢？然而，漱石所描写的这种躺卧并不是停止活动的静止状态，反倒可以说是一种运动状态，是以能量扭曲的形式表现出来的身体动作。换句话说，就是这种状态让人们更生动地去感受活动的身体。

比如在《此后》这部小说中有如下的叙述："在躺着的时候测试胸部的脉息是他近来养成的癖性。心跳和往常一样还是很稳定。他把手一直放在胸前，想象着在这脉动下鲜红的热血缓缓流动的情景。他想：这就是生命！"莲实引用了这段文字，并说他从这里看到的是人物与他自己体内脉动的生命迹象在进行对话，漱石所认识的"自然"分明就是这种生命的脉动状态。而最为清晰地表现了运动身体的作品就是漱石的另一篇小说《心》，其中有段文字是这样描写的："我活动着充满自由和欢喜的肌肉在海中雀跃。先生突然又停止了手足运动改成仰卧的姿势浮在水面上。我也学着他仰面浮在了水面。"看了这段文字，我再次思考，这种运用身体运动的表象来尽情表现近代日本人扭曲了的能量和心情的描写，不正体现了漱石作品所具有的无与伦比的渗透力和深刻性么？也正是这个原因，漱石的作品虽然属于知识分子的文学，但它却大大地摆脱了单纯的概念性，具备了一种人们共通感觉和一股强烈的无意识的诉求力量。(为了慎重起见,我再补充一点:在漱石的作品中,有很多书名都跟旅行和行走有关,比如《薤露行》、《草枕》、《行人》、《道草》等等。所有这些,在我们的观点来看是极具意义的。)

接下来我们再来看看小林秀雄的情况。关于小林秀雄,高桥英夫①氏在《小林秀雄——步行与思索》(小泽书店)中更加直截了当地提出了他是一个"步行之人"。高桥氏认为,之所以注意到了他是个"步行之人",是因为在小林秀雄的文章中有很多有关步行的话题和步行的比喻。比如说小林在《莫扎特》中有下面这样一段描述:"莫扎特不会设定什么目的地之类,步行产生出目的地。""莫扎特是步行的高手。在现代艺术家中他是一位简直难以令人相信的高人"。而在《阿蒂尔·兰波》中则写道:"记得我第一次知道阿蒂尔·兰波是在 23 岁的春天。当时,可以说我正在神田街上的闲逛。对面走过来一位未曾见过面的男士,一下子就把我打倒了。"

高桥氏还指出,小林秀雄笔下的"步行之人"的步行与"行动精神"有关,"步行即是一种精神,是思考、是认识的精神"。因此,"小林不只是我思故我在的精神,他是步行之人。步行着的既是肉体也是精神。是肉体和精神结合在一起的综合体的人。依靠这综合体的行走,思考的线路才得以贯通。"

从这种视角回过头来重新阅读小林秀雄的诸多作品,这样我们就会发现,看似极平常的对行人的描写,其实包含着多层含义。比如说还可以弄清楚小林秀雄所说的"无私"究竟是什么。高桥氏指出,所谓"真正虚怀若谷"的"无私"很明显就是一种精神与肉体一体化了的状态,如果说小林所指的"无私"就是一种肉体的思想也不为过。我们从小林秀雄的随笔《奥林匹亚》中可以看到其"身体论"的本质。确实,这篇随笔作为小林秀雄的"身体论"很值得我们关注。

其中他在谈到投掷铅球的运动员时做了如下叙述:"蛰伏在精神与

---

① 高桥英夫(1930—),日本文艺评论家。

肉体之间的只是一个铁球。这铁球拆散了精神与肉体,而这位运动员在特定的规则之下,艰难地要创造出两者的一致。""试想一下,其实我们投掷的不只是铁球或标枪之类。思想也好知识也罢,都必须像投铁球那样投掷。而且为了这一投,我们还需要在颈部磨蹭一下测量一下呼吸吧。这不单单是个比喻。"

小林秀雄为了将精神变成肉体化了的精神,在苦斗和彷徨中不断地体验到身体力行是极其肉体性也是精神性的行为。作为一个评论家,小林秀雄之所以既笔锋锐利又有着巨大的影响力,是因为他养成了上面所述意义上的基于"活动及运动的身体"的思维吧。

三、就地取材动手改造

众所周知,智真房一遍①是一位僧侣,他为了说法和修行在日本全国各地巡游,被称为"游行上人"。可他还有一个称号叫做"舍圣",这是因为说法、修行的旅行同时又是舍弃的旅行,也就是为了舍弃这世间的人情、舍弃缘分、舍弃家庭、舍弃故乡、舍弃名誉和财产、舍弃自身、舍弃一切执著的旅行,是因为这是一个彻彻底底舍弃一切的旅行。一遍上人的巡游正是这种舍弃和旅行最完美的结合。到最后,追求舍弃这样一种执著本身也必须被舍弃。

说起一遍上人外出巡游最初的机缘,主要是因为他非常仰慕被称为阿弥陀圣人的空也上人②。空也上人即是日本佛教空也念佛流派的始祖。一遍上人在学习空也上人的过程中,直截了当地以舍弃为题目,他说:"西行法师所撰《选集抄》中记载:昔日,某人问空也上人念佛该如何念,上人答曰:唯有舍弃。不再言他。此乃金言也"(《一遍上人语录》)。那么,这里所说的是要舍弃什么呢? 一遍接着又说:"念佛的行者,既要舍弃智慧亦要舍弃愚痴;既要舍弃善恶境界,亦要舍弃贵贱高下之分;既要舍弃畏惧地狱之心,亦要舍弃祈求极乐之心;既要舍弃诸

---

① 智真房一遍(1239—1289),日本镰仓时代佛教时宗的开山祖。

② 空也(903—972),日本平安中期的僧人,是日本净土教的先驱,被称为阿弥陀圣及市圣。

宗的开悟，亦要舍弃一切事物。这样的念佛才是最符合弥陀超也的本质。按照这样高声念佛的话，无佛无我，且此内亦无种种道理。善恶境界皆为净土也。云云。"

实在是富有魄力的论述。唐木顺三氏[①]注意到一遍所说的这种"舍弃"所包含的非同寻常的意思，在《无常》（筑摩书房）中做了如下论述："舍弃一直以来或多或少是出家人常说的，而且被或多或少进行了实践。不过有关舍弃本身，却没有一个人能够实行得像一遍那样彻底的。他舍弃了家庭，舍弃了俗世，舍弃了寺院，舍弃了僧侣，舍弃了衣食住，舍弃了自身，舍弃了心绪，最后连舍弃之心也舍弃了。舍弃了一切，舍弃到不能再舍的地步，剩下的唯有'南无阿弥陀佛'的名号了。"

然而，在一遍来说，为何最后只剩下了"南无阿弥陀佛"这一句话了呢？对于这个问题，唐木氏指出："如此强调要舍弃一切，而且还要彻底地实行舍弃的一遍之所以只留下了这六字名号，因为那就是一遍本人的个性。但是为什么只有词语作为例外不能舍弃呢？还有，为何过后一遍还要把它作为《语录》归纳起来，为何修辞最终难以舍弃呢？当我围绕这个自己曾经抱有的疑问不断进行思考的过程中，忽然想到了正因如此才'诞生了诗'这句话。"这实实在在是合乎唐木氏性格的观点。不过，因为基督教也有"太初有道"（logos）的说法，所以马上将名号联系到诗，无论怎么说也是过于钻牛角尖了。作为一个问题，我反而觉得或许应该把这名号的词语和念佛及巡游这种行为结合起来思考。这时，对于巡游而言，念佛是不可或缺的，而对于念佛来说，名号又是必不可少的。另外，究竟为什么说一遍上人舍弃一切的理念对我们人类来说是切实而极具宗教性意义的呢？归根到底还是因为我们人类对物质的执著、对占有物质的执著极为强烈的缘故，还是因为我们人类想要占有物质并将其留在自己的身边的欲望极为根深蒂固的缘故吧。

---

① 唐木顺三（1904—1980），出生于长野县，评论家，其代表作有《现代日本文学序说》、《中世文学》及《关于科学家的社会责任的备忘录》等。

　　回顾人类发展的历史，从进行狩猎采集这一人类最古老的生活方式来看，已经不只是要满足生物学上所说的欲求了。狩猎采集这一生活方式所显示的是，人类不仅仅停留在满足于能够确保生存手段和条件这种实用性层次的欲求，而是更向前进了一步，还包括要满足诸如美的享受和礼仪这样的具有象征意义层次的欲望。为此，人类会走到很远的地方去采集，从占有开始逐渐形成人类原始的文化。占有（也包括负面含义）对于人类文化具有极大的意义，这是众所周知的了。但是，采集对于人类文化的形成也有着非比寻常的重要性。希腊语中表示语言和道理的"道（严格来说是源于动词"Legein"）"一词在表示进行比较以及建立秩序这些意思之前，首先是具有采集的意思的，我想这绝非偶然。

　　因此，假如采集和拥有物质、进而使用和享受物质是我们人类根深蒂固的根本欲望，是形成文化及知识的原动力的话，那么在我们从宗教上一下子对其进行全盘否定之前，很有必要对其进行更加深入的探讨，看看其中存在着什么问题、隐藏着怎样的可能性吧（其实大家已经知道即便是从宗教上也难以对其进行全面否定，因此就更有必要进行深入的探讨了），特别是有必要对物质的采集方法和使用方法进行探讨。

　　以最单纯的形式来表现汲取物质的是采集与收藏。但其中有意思的是，汲取物质不是指特定地去收集或者收藏家的收集，而是指即便是一般外行人无意之中收集到各种物品，这些物品也在各个收集人的周围构成了一个独特的世界和独特的空间。无论什么人，当他去某个地方旅行的时候，或多或少都会从旅行中带回一些自己发现的奇异的东西，或者是自己喜欢的东西。这样一来，自然而然就会慢慢形成一个比较有条理的独特世界。

　　比如说有人对一些特定种类的东西（比如说世界各国的纸牌啦，或者日本各地的木偶等）感兴趣，然后进行收集，虽然按照收集到的物品或对象可以形成一个较有一贯性的世界，不过如果是出于一种更加朦胧的兴趣，看到喜欢的东西就收集起来的话，那么就会反映出收集者浓厚的个性色彩。这样,收集而来的种种物品就构成了收集者的认知世界,也就是说人们以这样一种形式构筑起属于自己的空间、也就是势力范围。这并不一定仅限于旅行中的采集。这是一个具有普遍性的问题,或许自己在家里保存物品或者购物等也是一样。

那么,人类为什么要收集物品呢?为什么要收集那些很明显是超过了实用性的东西呢?当然,有些是旅行的纪念品,但是收集行为中有一种超过了纪念意义的热情在起作用。而把这种热情作为一问题提了出来的是让·鲍德里亚①。他在《物的体系》(宇波彰译,法政大学出版局)一书中提到了这样一件事情,说《Emile litter 法语词典》中对"物"一词作了定义,定义说:"一切成为激情的原因·主题的东西,在比喻性的意义上尤其是表示'喜欢的东西'。"从这个意义上说,即便是日常生活中遇到的东西,那也会成为激起人们想据为己有的热情的对象。

然而,物质原本就具有被使用和被占有这两种功能。前者是实用性功能,而与此相比,后者则是非实用性功能。当物质被从实用性功能中分离出来,才成为纯粹的物质。而这种纯粹的物质一旦成为收集这一热情的对象,那么自然而然就形成了一个系列。也就是说,人们仅占有一件物品是不会满足的,一定会想要占有同样系列的所有物品。

从这个意义上看,"所谓收集是一种爱的游戏或工作"(莫里斯·雷姆)这说法是正确的。对儿童来说,收集是他们左右外在世界最基本的方法。这虽然是带有咒术性的做法,但也的的确确包含了对外在世界的整理、分类和操作等一系列的工作。而且,收藏家们认为自己的所作所为是一种极其高雅的行为。这倒不是由他们所收集到的物品本身的性质所决定的,相反,是因为他们为自己对收集所付出的这种热情而感到骄傲。

再者,我们的收集行为还包含了一种奇妙的反论。这是围绕收集

---

① 让·鲍德里亚(Jean Baudrillard,1929—2007),法国哲学家,现代社会思想大师,知识的"恐怖主义者"。著有:《物的体系》、《消费社会》、《象征交换与死亡》、《拟像与拟真》、《冷记忆》(五卷)等。

的独立性展开的。因为在收藏的时候，如果我们把独立性作为问题的话，那么这种独立性从客观上来讲是绝对不可能被证明的。另一方面，从主观上来讲，则是完全没有任何必要去证明。而且，物品的绝对个性，也就是特异性是来自于被"我"所有。而"我"识别自己个性即特异性的关键，往往是取决于自己拥有什么样的东西。当然，这些并不是什么恶性循环，相反应该被认为是一种自我回归。就是说，我们人类无论什么时候，所收集的都不是别的什么，而是我们自己。

那些被收集的物品或被采集的东西，都不是作为实用对象的东西，而是一种表现热情的东西，一种作为象征或者符号的东西。归根到底，人类是通过采集来建立自己的世界的，一个咒术性的、也是神话的象征性的自我世界。再进一步而言，人类想要通过采集来拥有自己的世界，与其成为一体。或许就是个原因，采集一方面自然而然地将物质归纳成一个系列一个整体，与此同时，另一方面又不断地受到对物质匮乏感到不安的困扰吧。

这里我们提到了让·鲍德里亚，并就作为热情的收集进行了探讨。但是，收集物质的采集当然不仅仅是上面所说的这些形式上的问题。我们每个人为了要很好地生活下去，还要收集知识拥有知识，用来创造必要的知识、学问和文化，这也是一种采集。

但是说到知识，以往很多情况是科学性知识被理想化，仍都是以缜密而普遍的科学性知识、物理学为典范。而随着科学的专业分化，科学性知识变得越来越精密和细分化了。这样一来，这些知识不管怎样具有普及性，无论怎样严谨，离我们每个人的日常生活及生活经验越来越远，甚至变得毫不相干了。随着这种情况的发展，无论是在日常生活的层次，还是在学问研究的层次，我们开始反思有什么样的求知方式可以进一步激活人类经验里内在的智慧。

虽然近代科学与技术文明相结合，产生了许多精密机械以及使用这些机械的作业流程，但是在我们人类的生活世界里、在我们生活经验中重要的反而是我们将身边那些用惯了的工具及材料自由自在地进行组合的创造行为。一直以来，我们忘记了这个重要性。这种行为的表现方式和求知形式被称做"改造力（Bricolage）"。"改造力"就是充分利用手头现有的器具和材料，用自己的双手来制作东西，也就是所谓"手艺活儿""精工细作"。这个词是列维·斯特劳斯作为一种蕴藏在"野性的思维"中的智慧在《野性的思维》一书中首先提出来的，不久又被用于表示"周日工匠""亲力亲为"等意思。这是科技和求知的理想形式，符合目前重新认识可以恢复人体性的手工艺的时代要求。

列维·斯特劳斯对"改造力"的见解是这样的：即"改造力"构成了"具体科学"的中心，而这种"具体科学"与以近代科学为基础的工业技术完全不同。这就是说在工业技术范畴中，人是借助根据各自的计划决定并购买材料和器具来开展工作的。但"具体科学"的"改造力"则完全不同。

在"改造力"中，人们所利用的仅限于身边现成的工具和材料以及诸如此类的东西。而且，这些身边现成的工具和材料，种类极为杂多且缺乏统一性。人们需要从这些杂乱无章的一堆中亲自筛选出最合适的东西来使用。而这些杂乱无章的一堆物质本身也不是被有计划地制造出来的，而是由一些过去偶然遗留下来的残部或者是偶尔被收集起来并细心地保存下来的破烂玩意组成的。要说收集和保存这些东西的标准是什么，那就是"说不定什么时候会有用吧"的想法。

如果你是一个喜欢捣鼓一下机械或修理什么东西的人，我想谁都有这样的经验的。工具箱里不知不觉地就收集了许多只在一旦需要的时候才会使用的工具，还有很多像破烂一样的零件。在孩子们的玩具箱里也存在着类似的有着一种亲密感的小小世界。而当你忽然发觉仔细一看，箱子里面真是什么都有，连自己也觉得不可思议。

即便是这种改造力，如果是一个周日工匠，他利用那些工具和材料可制作的范围自然有限。不过，如果把它进一步扩大到人类的求知活动这种形式的话，我们将有限的工具和材料进行自由自在的组合，应该可以做许许多多的事情，而且还是很具创造性的事情。这不单单是一种技术，而是一种近似艺术的东西，也就是一种广义而言的艺术吧。甚至可以说求知经过创造逐渐向艺术接近。

然而，还存在一个现代性问题，就是如何从根本上将采集和改造力（Bricolage）连接在一起。这属于"引用"的问题。所谓引用理论，简而言之，就是将所有的文本（作品、文章）作为"引用的马赛克"或者是差不多意思的"引用的纺织品"，从引用这一见地来进行彻底地思考。在这种场合下的"引用"不仅仅是所谓的引用文或已经标明的引用文，而是无论是有意识还是无意识，都成了作者用来作为前提的东西，可以说是作者立意构思的源泉。还有，我们所说的文本，不仅仅是指所谓通过语言写成的文章，而是指创造性行为的所有作品，范围很宽广，包括绘画、音乐、建筑等在内的所有艺术作品。

曾几何时，一直被普遍认为只有作者的独创性、丝毫也不依存其他的独创性才是创造的根源，才是原动力。对此，引用理论的目标则是从其他的文本直接或间接引用，在将既有的各种要素（先前其他文本的各个部分）进行重新组合的过程中，探寻形成作品的构造和秘密。这样一来，引用理论是不是就成了否定创造活动的理论了呢？当然不是这么一回事。确实，通过引进"引用"这一观点，过去那种朴素的牧歌式的"独创性"观念会瓦解消失。但实际上引用在将既有的诸要素进行自由自在的组合这一点上，毫无疑问其创造性活动也在起着作用。相反，引用的理论更清晰地显示了以下两点：一、创造活动绝不是在真空中没有任何前提地进行的；二、创造活动实际上的存在形式很大程度上是以既有的各种要素为媒介的。

换句话说，引用的理论揭示了：所谓创造活动是通过以下过程来维持的，即从遥远的地方收集众多的材料，然后把这些收集而来的东西放在一个新的关系中来重新认识。因此，"引用"的结构与"采集"和"改造力"，尤其是与后者，极为相似。也就是说，两者都是将采集而来的东西当作自家柜子里的东西，再在一个新的关系中进行重新组合。

四、饮食——味觉辨别

无论是国内还是国外，外出旅行的时候，我都是尽可能地食用当地出产的食物，饮用当地出产的饮料。可能是我生性贪吃的缘故吧，很多时候我到了一个新地方就马上会想这个地方有什么好吃的东西呢？于是便开始四处寻猎。有时候在风俗习惯等极不相同的国家，偶尔也会遇到一些怎么都不合口味的东西，实在无法消受。而且有时候也会碰到肠胃不适，这时候往往会尽量不吃不易消化的东西，但是基本上还是我行我素，按我贪吃的本性行事。

外出旅行，食用各个国家各个地方生产的食物，饮用那里的饮料，实在是旅行的乐趣之一。不！这甚至可以说是旅行本身的一个重要部分吧。大凡各地的食物和饮料都与当地的风土有着深厚的渊源，与之成为一体，因此如果你不亲口尝一尝，只是旅行一下的话就不能算是真正地接触到了当地。

话虽如此，这倒也未必是指什么特别高级的料理或酒，相反是在说有关普通市民或者居住在那里的人平时食用饮用的食品。那些看上去微不足道的食物和饮料却有着不可思议的味道，很多时候会加深我们对那片土地的印象和记忆。我想这是大家谁都有过的经历吧。前不久在我到访西西里岛巴勒莫的时候，有过这样一段经历。西西里岛是地中海最大的岛屿，与呈靴子形的意大利半岛的脚尖相接。我乘搭上了晚上9时15分从那不勒斯港口开出的客船，航行了大约10个小时，在早上7时过一点到达了西西里岛最大的城市巴勒莫的港口。

说起西西里岛，现在一般来讲大家都知道它以犯罪团伙黑社会的发源地和根据地而闻名于世。但是西西里岛曾经是地中海名副其实的要冲，自古以来一直是各种文明交汇的地点。关于这一点，我想再稍稍介绍一下。自公元前8世纪以来，西西里相继受到了希腊、迦太基（突尼斯）、罗马帝国、拜占庭、阿拉伯、诺尔曼等的统治，这些古老历史的痕迹以种种形式遗留了下来。而且，在这以后又先后受到了德国、法国、西班牙等国的统治。尽管如此，在另一方面，当地的风俗习惯却也坚韧地流传了下来。统治者们留下的各种文化痕迹和本土的风俗相重叠相融合，形成了西西里岛奇异的地方色彩。而巴勒莫在西西里岛是一个极具魅力的城市，尤其是它的历史重叠性所带着的独特含蓄更是耐人寻味。

我对巴勒莫这个城市的印象及记忆是和我在街头品赏到的三种食物紧紧地连在一起的。其一是我在码头旁边的一家小酒吧里喝到的卡布奇诺咖啡。当我们的船在早晨到达巴勒莫的港口以后，我马上就找到了酒吧，那咖啡的味道浓烈而醇厚。这是一种意大利牛奶咖啡，在浓浓的咖啡（现磨蒸馏）里加入泛着泡沫的热牛奶，杯子口上的泡沫鼓得高高的，就像倒满了啤酒的啤酒杯那样。据说"卡布奇诺"这个名字来自嘉布遣教派修道士的装束，他们身穿茶褐色（咖啡色）的修道服，头上戴着尖尖的头巾（cappuccio）。我找到的那家码头旁边的小酒吧是许多当地人都常去的普普通通随处可见的店铺。可是，除了在巴勒莫，除了在西西里以外，我再也没有喝到过如此香浓可口的卡布奇诺咖啡。

其二是一种叫做阿兰奇妮①的类似日本炸肉饼的食物。这种食物可以当简单的午餐，人们在巴勒莫街头边走边吃，虽然简单但味道却很

---

① 阿兰奇妮（意大利语，单数 arancino，复数 arancini），是西西里人最喜欢的一种点心。就是将白饭、番茄、碎肉、豌豆和乳酪等混合搅拌后捏成丸状，再放入锅中油炸。

实在。阿兰奇妮在意大利语中是将食物做成柑橘形状的意思，就是把白饭、肉和蔬菜搅拌在一起，再裹上面包粉放在油锅里炸成柑橘形状的饼。据说把食物弄成水果形状的习惯是阿拉伯文明的一个特征。这种叫做阿兰奇妮的食物，既不是只在巴勒莫才有，也不是在西西里才有，但是我认为，就像俄罗斯的 pirozhki① 适合莫斯科的庶民区，法国的 crepe② 适合巴黎的庶民区一样，阿兰奇妮最适合巴勒莫这个城市了。

最后一个，也就是其三，那就是在明亮耀眼残暑未消的初秋之日，在巴勒莫街头小广场那小铺子，为了润喉而喝到的柠檬果汁。那个清爽劲简直难以用语言表达，那味道一口下去渗入丹田。制作过程看上去很差，非常粗糙，开铺子的老头用小刀随意地将新鲜的青柠切吧切吧，然后双手用简陋的绞榨器具榨两下，再用自来水龙头加上水，之后按各人口味加入砂糖就成了。这种现榨的柠檬果汁也同样不只限于巴勒莫或西西里才有的卖，但是不知道是什么原因，在其他城市就引不起我想要去喝的冲动。这不仅仅是气温的原因，似乎是在于这个城市的空气。

现在所介绍的三种食物及饮品都是极为容易非常便宜就可以弄到手的。类似这样的食物和饮品，除了在当地享用之外，或许谁都不会有什么别的要带走的想法吧。不过，如果当我们在旅行中碰到了稍稍精致一点的美食，要是能邮寄或随身带回去的话，我们常常就会想要或邮寄或随身带回来。就是说很想让自己身边的人也尝一尝这些食品有多么美味，或者是为了自己回到家里还可以再次慢慢地品尝。然而，在很多的时候，这种如意算盘往往事与愿违。到时候就品味不到在旅行中所得到的那种味觉，感觉全然不同了。即便食物的美味并没有完全消失，但正因味觉是一种十分微妙的东西，所以换了一个环境感觉也就不同了。

---

① 俄罗斯一种裹着肉、蔬菜和鸡蛋的油炸包子。
② 法国一种果酱奶油卷烧饼。

远距离的运送要花时间,生的东西其新鲜程度就降低了,如果是葡萄酒的话,由于运送途中的摇晃味道发生了变化等等的情况也是常有的。但是,现在的问题并不是指这些情况,而是指另外一回事情,是指和食品的味道有着某种关系的问题。这可定格为以下一种形式。那些食物或饮品,你在旅行所到达的当地觉得很好吃的那种味道,与其说是属于这些东西本身所具有的味道,还不如说这种味道是与当地各种食物和饮品发生了关系才形成的,不是么? 也就是说,食品的味道,严格地来说原本不就是只有在一定的具体环境或空气(气氛)中才会形成么?

被我们称之为嗜好品的香烟或咖啡之类的东西的味道则以一种比较简洁明了的形式展示了这个道理。香烟和咖啡令人感到味道特别好的时候就是在饭后或吸或喝的时候的那种味道。由此可见,香烟和咖啡的味道与菜肴的味道或油腻程度等有着很深的关系。如果是在享用了口味比较清淡的关西料理之后,想要喝很浓很浓的土耳其咖啡的人,即使不能说是绝对没有,起码也是极为少见的吧。什么样的香烟、什么样的咖啡味道好,不仅仅是因人而异,很多时候首先是与大气(空气)的湿度以及温度如何有关。比方说,同样是咖啡,用大杯子、等粉末沉淀到杯底以后再喝的印尼爪哇咖啡的味道感觉沉稳大方,非常适合高温多湿的印度尼西亚。

然而,有关品尝食物的人的能力和作为知觉的味觉,很长一段时间里几乎没有得到合理的探讨。在人类所谓的五官当中,一直以来视觉和听觉被认为是高层次的精神感觉,相对而言,味觉则被贬为低层次的生理感觉。另一方面,料理和酒类在全世界众多的文化中却几乎一直都被视为近似于艺术的东西,将两者联想到一起,这实在是件奇怪的事情。

最早一针见血地指出了味觉在我们人类的生活和文化中具有非同寻常的意义的人是生活在 18、19 世纪的法国的布里亚·萨瓦兰①。他

---

① 布里亚·萨瓦兰(Jean Anthelme Brillat-Savarin, 1755—1826)法国著名美食家,著有《味觉生理学》。

在著作《味觉礼赞》(关根秀雄等译,岩波文库。原题更像散文,书名又译为《味觉生理学》)的开头部分有一段关于味觉与美味的箴言,很值得我们去细细寻味。其中有这么几句:

> 请说说看你一般都吃什么样的食物,我就可以猜到你是怎样一个人了。

> 发现一种新的美味,对人类的幸福而言比发现天体还重要。

> 邀请一个人来家里吃饭,就等于承担起了那个人在自己家里期间的幸福。

这些箴言都是以简洁的表现,巧妙地捕捉到了食物、美味、聚餐在人类的生活以及文化中所具有的不同寻常的意义。第一句箴言表达了味觉作为人类所具有的一种识别能力绝不是局部的而是全面的。由此,我们重视作为全面的识别能力的味觉,即趣味(taste, goût①)的视角也被打开了。其次,第二句箴言显示了创作出一道新的美味佳肴比发现一个新的天体还重要,这句话极富人性的意义。与天体这个大宇宙相对比,人类外向的眼睛或许也会通过菜肴来反观自身吧。最后一句也就是第三句箴言展示了,味觉和美味不仅仅关系到个人的享受,而且还与具有公共性和团体性的环境有着很大的关系。由此表明,味觉及美味绝不是与氛围或空气无关的。

如上所述,为了方便起见,我们一直将味觉独立开来论述。但是,正如大家从自己的经验中已经明白的那样,实际上味觉是与嗅觉结合在一起发挥功用的。关于这一点,萨瓦兰已经在书中写了。我只是不仅坚信没有嗅觉的参与就不可能品尝食物,而且我还想再进一步,相信嗅觉和味觉相互结合形成了一个共同的感觉,嘴巴就像是实验室而鼻子则是实验室的烟囱。更确切地说,一个功能是品味可以触及的东西,

---

①　法语,意思为"口味"。

而另一个的作用是品味气体。

类似的观点近年来受到了特伦巴赫[①]（著有《味道与氛围》，宫本忠雄等译，蚯蚓书房）的积极推崇。他注意到了嗅觉和味觉的综合性感觉器官的"口腔感觉"，发现这种口腔感觉发生异常的情况在精神病患者中间较为多见，因此从与精神疾病的关系这个角度对"味道与氛围"这一问题进行了研究。就是说，嗅觉和味觉首先是这样一种感觉，就是促使我们人类融入到环境中去，在我们人类与环境之间创造出一个亲密的关系。而且这种亲密程度既不是停留在自然性的层次，也不是停留在精神性的层次，它甚至进一步发展到了宗教性的层次。这譬如说在与耶稣有关的最后的"晚餐"、"犹大的接吻"、"犹大的出卖"等故事里面都有清晰的显示。就是说，在当时那种场合，首先通过晚餐与接吻建立起一个原本就很亲密的关系，然后再由此产生叛离，即构成一个对信赖的背叛。

特伦巴赫还是联系耶稣最后的"晚餐"的例子继续论述说，用餐不是靠一个人的味觉就能够享受的事情。我们是自己在品味的同时，一边与属于同样环境的其他人共有味觉，一边享受菜肴的。正因为这样，如果相互之间不能共有味觉的话，那么好不容易精心制作出来的菜肴吃起来也感觉不出味道好了。而且品味如上所述是一种共同享受，同时它还与作为人类能力的"智慧"有着非浅的关系。甚至可以说智慧的基础就是品味，而其范围将一直涉及到永远的智慧。也就是说："永远的智慧在能够品味的所有物质中才可能体验到。这是一种蕴含在所有可喜物质中的喜悦。""那为何会有这种不可能被体验的事情存在呢？"（库萨的尼古拉）[②]

特伦巴赫作了以上阐述后又明确指出：味觉与嗅觉并非如我们通常

---

① 特伦巴赫（Hubertus Tellenbach，1914—），德国现代著名精神病理学家，曾两度到访日本，著有：《忧郁症》、《味道与氛围》等。

② 库萨的尼古拉（Nicolaus Cusanus，1301—1464），文艺复兴时期德国哲学家。主要著作有：《论有学问的无知》、《论推测》和《论智慧》等。

认为那样是不确定的、低层次的、表面的感觉,而就是一种从根本上维系着人与人之间交往的感觉。有关味觉的这种哥白尼式的转换也给具有相同功能而表现不同的"趣味"(taste, goût)带来了同样价值的转换。

说到"趣味",在一般的认识范畴被看作是一种与专业或者正业相对立的相反的东西,因此被认为是不认真、不正式的,只是随意地业余消遣的一种爱好而已。就是说趣味被认为对于我们每一个人的生活来说,只是其中的一部分,是可以取代的。但是,关于趣味的这种认识,实际上正好与把味觉看作是不确定的是表面的感觉的认识是相对应的。我倒是认为趣味作为我们每一个人的、与环境切切相关的应有状态,是一个极具全面性的东西。甚至还可以说趣味就是保证我们人类每一个人进行自我认同的一种求知的理想状态。

前面我们讲到了智慧的基础就是品味。结合这一点我们再来看看"趣味"。所谓"趣味"不单单是指爱好或好恶,还包括从各个角度对事物进行综合性鉴赏与辨别。充分调动各种感觉,对个别的东西进行全面的对照和评价。可以说是一种以味觉为中心的"共同感觉"的功能。

小野二郎在《装饰艺术》(青土社)中提及威廉·莫里斯[①]的时候,也将"趣味"从单纯的好恶意思中区分开来,认为"趣味"才是与生俱来的思想,并做了如下阐述。他说:"喜欢或讨厌,人们都口口声声说那只是个性的见证而已,但要我说的话,两者都是意识形态,是'制度化了的观念',是将焦点集中在五官中灵敏度最迟钝的地方的一种观念形态。相反,看上去起着智能作用的思想则是趣味。"可能这说法有些不合逻辑,让人难以理解,但我认为这种说法抓住了问题的要点。也就是说,其中阐述了一个道理,在实际感觉上被认为很随意的好恶,其实是制度化了的观念,而与此相对,真正起着智能作用的思想则不是别的,正是趣味,或是辨别,趣味有着最敏锐的五个感官的综合功能。

---

①　威廉·莫里斯(William Morris,1834—1896),19世纪英国最有影响力的设计师,是英国工艺美术运动的代表人物。

五、方向产生意识

　　人们即使在平常的生活中,在住惯了的城市或农村生活的时候,一般都不会特别去考虑的、但在旅行中则无论如何都要考虑到的就是"方位"和"方向"。首先,如果你不了解所到之处的东南西北方位相当于当地什么地方的话,那么你就既不能有效地使用地图,也不知道自己现在身在何处。而且,就算你想要去什么地方,也不知道该往哪个方向走。我在旅行当中也常常会遇到这样的事情:在不熟悉的城市一边看着地图一边行走,由于弄错了方向,在十字路口往相反方向去了,走了很远才发觉自己搞错了,一想糟糕了,赶快折回。尤其是在从地下街或地铁车站什么的走出地面的时候常常搞不清楚方向。

　　方向和方位搞错了你也不去理会的话,那将会发生意想不到的荒唐事情。比如,我们行走在山林之中,路标不知被谁恶作剧地将方向改变了九十度,我们也没有察觉,还是按照指示牌的方向往前走;又比如开车看错了道路标识,结果到了很远的地方。这种苦头我也曾经吃过,因此有一段时间外出时一定带着指南针。像最近这样,错综复杂的地下街之类越来越多了,所以我觉得即便是在相当熟悉的城市行走,或许还是带着指南针为好。到时候把方向搞错了,比如方向弄错了九十度或一百八十度,就算一开始的时候差距很小,但这种差距会越来越大,实在是件很可怕的事情。这就告诉我们"方向"和"方位"是何等重要。

如果是关系到人类生活方式和求知的理想状态的"方向"那更是不言而喻了。

就这个意义上所指的"方向"和"方位"而言,我想起了自己曾经在中学时代读过的一本书。记不清作者是谁了,只记得书中说:"柏拉图说过,所谓伟大就是给人指引一个正确的方向。"柏拉图究竟是在哪一本书上、在什么样的情况下讲了这句话,并且严格来讲是出于怎样的意图而讲的,实际上到今天为止都没人去做过证实。但尽管如此,"所谓伟大就是给人指引一个正确的方向"这句话十分精辟。即使不是柏拉图说的,那也是一句意味深长的话,我们甚至可以不在乎它的出处。

还有另外一个值得注意的情况就是"方向"还表示着"意思",而且"感觉"和"知觉"将"方向"和"意思"连接在了一起。如果是这样的话,那么丧失方向就会导致事物意思的丧失,进而甚至还有可能导致知觉和感觉的丧失吧。由此,其实这将会引申出各种各样的问题。不过,在我们进入这个问题之前,我想首先给大家介绍一个我们熟知的词。这个词可以显示出"方向"、"意思"和"感觉"的关联。这就是英语中的"sense"(法语为 sens)。英语的 sense 是一个具有多义性的词语,包含了下面九种意思:① 感觉功能;② 知觉;③ 观念;④ 直觉;⑤(复数形式的)意识理智;⑥ 辨别;⑦ 意思;⑧(总体而言的)意见;⑨(数学向量分析上的)方向。我们将其中的"方向"、"意思"、"知觉"、"感觉"等意思联系起来理解的话就有了如下含义:即在"sense"这个词中其实包含了我们人类应有状态的各个方面。尤其是它通过我们全人类的"知觉"(就是我所说的综合五官的"共同感觉",这进一步与直觉、区分和意见也是相通的),在我们把事物所具有的意思上的不同当作"方向"上的不同来辨别的时候才会表现出来。之所以这么说,那是因为意思、价值及善恶的概念只有在事物被确定了方向的秩序中才会产生,我们只有根据这种方向性才能够识别。

事物所具有的丰富多彩的含义产生于浓厚的意思场,而浓厚的意思场有着强烈的方向性。因此,事物失去了意思而退化的根本原因在于其浓厚的意思场丧失了，而丧失了浓厚的意思场也就导致了有关场所的方向感觉的丧失。方向感觉的丧失又进一步使得我们连宇宙感觉世界感觉都丢失了。比如，就像神话学中所说的宇宙树所显示的那样，所谓宇宙中轴其实就是一种原始的方向性。

然而，在空间向纵横高低进行扩展和延长而形成的近代世界里，在均质空间思维的统治下，宇宙的、人类的意思被渐渐地从空间剥夺了。其结果，我们的居住空间、城市空间变成了一个固有的方向性极弱的场所（帕斯卡说过："这无限空间的永远沉默使我战栗。"他所使用的"pensée"这个词就是对那种状况的先知先觉的表现。因为所谓永远的沉默，从另一个角度来看就是意思的丧失）。人类对方位和方向的兴趣，在现今的我国，如风水地貌之类，作为一种民间的信仰也已所剩无几了。而我们在这里作为问题提出来的方向和方位也只不过是失去了社会性意义的、明显地被部分化矮小化了的东西。

当我们居住的空间被剥夺了社会性的人性的含义，成了一个固有的方向性极弱的场所，那么在那种环境里的生活基本上都会变得极为浅薄而贫瘠，令人感到焦虑。从外表看上去无论物质性的生活条件有多么完备，生活空间也不可能变成一个具有浓厚意思和丰富多彩的场所，也产生不出生活质素的厚实与宽裕。我们之所以不得不极力倡导人生价值观和身份论，而这种倡导之所以很难有什么成效，我想其原因就在于此吧。

不仅如此，暴力、伤害、杀人事件等的发生越来越低龄化，手段和方法越来越残忍，年轻人骑着摩托车横冲直撞以及动用私刑等，这当然与年轻人的能量发泄有关，但是，这与社会上的政治化和右倾化等令人感到焦虑的现状，与我们的日常生活失去了本来应有的厚重和多样性而变得浅薄了，不可能没有关系。的确，在新的住宅小区、新开发的住宅城镇也建造了文化中心及活动广场之类的空间，想尽办法努力使城市空间恢复原有的人性和文化的气息。但是这些个规划和努力很难奏效，甚至很多时候只是说几句漂亮话就完事了。这究竟是什么原因呢？

　　我认为这是因为在考虑"恢复人性和文化的气息"这个问题的时候，实际上并没有充分地从象征主义的角度对人性和文化去重新进行思考吧。而且，有时就算多少有那么一点象征主义的观点，但也没有明确地与世界观和身体论联系在一起。方向和方位对于我们人类每一个人来说，表现为一个身体性问题，也就是说是表现为身体的位置和运动的问题。当然，我们在这里所说的身体概念，是包括精神活动在内的身体。而我们得以生存的空间，对于我们上述意义上的身体而言，不是客观上的东南西北以及天地的方向性，而首先是表现为具有前后、左右、上下这种对个人而言的方向性的空间。

　　不过，一般对于我们人类而言，当碰到方向性和方位问题的时候，主要考虑的既不是其中的前后方向也不是上下的方向，而是左右的方向，或者至少是通过左右方向来把握的东南西北。之所以这么说，可能是因为前后方向和上下方向通常都十分明确，不存在弄错的可能性，而且在人们的现实生活中，有可能弄错的左右方向反而更具有切实意义的缘故吧。对一般人来说，辨别左右方向的最直接的方法就是通过自己认为好使的右手来区分。那么究竟为什么手会分好使不好使呢？还有，为什么好使的手绝大多数是右手呢？

　　时实利彦[①]（《思考脑》，日本经济新闻社）的研究指出，说我们人类存在着"好使的脑"，其结构基本如下：大脑分左右两个大脑半球，运动领域的脑细胞位于大脑半球的表层大脑皮质，由此向肌肉传达运动的指令。但不知是什么原因，左边大脑半球的运动细胞控制身体右半部的肌肉，而右边大脑半球的运动细胞则是控制着身体左半部的肌肉。而右撇子的人是因为其左边大脑半球向手发出运动指令的运动细胞要比右边大脑半球的运动细胞运作起来更加灵敏。

　　那么，为什么世界上右撇子的人多呢？关于这一点，时实氏也只是说："一般认为大约在非洲南方古猿时代，由于某种原因左边大脑半球

―――――――――

　　①　时实利彦（1909—1973），日本生理学家，东京大学名誉教授。

已经成为'好使的大脑'了，一直遗传到现代人。"当然，这完全不能算作是一种回答，但时实氏在他那本著述里还指出：另一方面，我们来看看母亲抱婴儿的方法究竟是用左手抱还是用右手抱，事实上用左手抱着孩子让右手空出来的抱法远比用右手抱孩子要多得多。

我们再来看一看拉斐儿及达芬·奇等画的世界著名油画圣母子像（圣母玛利亚抱着幼小的基督），或者调查一下美国现代社会母亲抱孩子的方法，就可知道差不多百分之七八十是用"左手抱"的。其原因之一，人们认为这是为了让抱在手上的婴儿感受到母亲心脏的跳动。一般来说这种"左手抱"和"右手抱"并不相对称，但即便如此，不仅是"左手抱"，"右手抱"应该也和人体的非对称性，尤其是心脏的位置有着密切的关系。正如"左手抱"所显示的那样，普遍认为是因为与心脏的位置有关，故左手起着保持、守护的作用；相对而言，右手则具有处理其他事情的功能。

这正确与否姑且不论，重要的是在隐喻性文化层次上具有非同一般意义的左右方向的区分，若不从身体层次的视点出发就很难进行。如果按照笛卡儿曾经认为的那样，在理论上把精神与具有空间性扩展的物体即身体区分开来考虑的话，那么因为精神不具有扩展性，所以其自身就不存在左和右了。然而，一个没有左和右的世界、没有左右区别的世界是一个多么的非人性、多么奇怪的世界啊！东南西北之所能够真正地深化到我们的身体及意识之中，也是通过左右的区别。我们就算没有左右的区别，以北斗七星或太阳的位置为基准也能够判断朝北或朝南吧，但是如果要把它们与东西联系起来的话，就必须依靠身体对左右方向的感觉了。正如面朝北时右手的方向是东，左手的方向是西那样。

因此，我们人类有左撇子右撇子之分，在确定方位和方向上，特别是在把方位和方向深化到我们身体里面这一点上，是一个不可或缺的条件。人类的身体虽说差不多是左右对称的，但其中却还包含了"好使的手"这样的非对称的要素。这不仅使得身体行为能顺应环境，而且还使身体具备了诸如能动的推动力那样的优点。

M. C. 柯巴里斯①和 I. L. 比尔在《左与右的心理学》(白井常等译，纪伊国屋书店)中有这样的论述："动物身体上左右对称的结构在适应环境方面，比如感到有危险时的逃避、谋求猎物时的追踪、受到刺激时反射性的本能反应、在环境中的直线移动等等，是极为有利的。但是，在高级动物的反应形式中，有些动物的反应与周围状况的关系不甚密切，有些动物不是对环境做出反应，而是主动地去影响环境，而这种行为大部分使用的都是非对称的手或前肢。"而断言"手就是外部的大脑"的正是哲学家康德。当我们在探讨好使的手的时候，似乎可以把康德的这句哲言反过来，说成"大脑就是内在化了的手"。说不定好使的手要比好使的大脑形成得更早呢。

正如前面已经论述过的那样，方位和方向必须通过我们对左右方向的身体感觉才成为内在的东西。但是反过来，我们的方向感觉如果不依靠空间的东南西北这根轴来把握，并从中确定方位，就不能说是完美的。在这个问题上极富启示意义的就是深受方向左右的巴厘岛传统生活中所谓的"巴林"现象。印度尼西亚的巴厘岛面积大约是日本四国岛的三分之一左右，是一个印度教文化特别成熟的岛屿。在巴厘岛的传统生活当中，"方向感觉"有着极为重要的意义。因为对于生活在巴厘岛上的人来说，方位不止是单纯的地理上的方位。

在巴厘岛，人们极其害怕自己会弄不清方向。为什么呢？因为他们一旦弄不清方向了精神上就会陷入一个极为混乱的状态，真的就会像成语所说的"走投无路"了。在巴厘岛，这种精神上的错乱和神志不清的状态被称作"巴林"。这个词的意思就是：找不到北了。也就是说，所谓巴林就是完全失去了方向感，失去了自己在世界上处于什么位置的感觉。当人们由于某种原因而失去了方向感的时候，不仅会两眼打

---

① M. C. 柯巴里斯(Michael. C. Corballis, 1936—)，新西兰奥克兰大学心理学教授，其研究领域包括心理学、神经科学、演化及语言学，为当代认知神经科学的先驱。

转、变得心情不舒服，而且还会干什么事情都定不下心也集中不起精神来。

女性人类学家简·贝罗①在《巴厘的传统文化》一书的《巴厘岛人的气质》的文章中曾经讲述过的一个巴厘岛少年的故事颇耐人寻味。据简·贝罗说，她为了让一位年满七岁的巴厘男孩学习民族舞蹈，把他送往住在较远的村子里的一位师傅处。可是由于是开车送男孩去的，这男孩因坐在车子里而失去了方向感。三天以后，简·贝罗又来到师傅家，可看到那男孩还没有开始学习舞蹈。因为他仍处于极为厉害的巴林状态。师傅解释道："当一个人处于巴林状态的时候，我可是没有办法要他向东走或向北前行进行舞蹈训练的呀。"

没办法，于是这男孩被送回了自己村子的父母亲那里。回到了自己熟悉的空间，这男孩神智清醒过来了。过了几天，这男孩又被送到了师傅家里。这次他在去的路上很仔细地观察那弯弯曲曲的道路。可这还是不管用，他又陷入了巴林状态。男孩因此惶惶不可终日，吃也吃不下，睡也睡不着。这一次简·贝罗把男孩带到了适于眺望的原野正中，让他眺望从巴厘岛南面看去是耸立在北面的灵峰阿公火山（这座山被尊为巴厘岛空间世界的基轴、巴厘岛人价值观的源泉）。于是乎，男孩的巴林状态就立刻消失了。而且之后经过了六个星期也没再复发，男孩专心致志地练习舞蹈，进步很快。

这个极富戏剧性的有关丧失和恢复方向感的故事，揭示了巴厘岛那具有强烈的方向性的空间世界。这个故事发生在 1930 年代，很难说现在还是那样没有任何变化。但是，回顾一下我们的生活经历，想到丧失了方向是件很不幸的事情，那么我们在研究有关方向与人类的生存之间关系的时候，这不失为一个典型例子吧。

---

① 简·贝罗（Jane Belo），著有《Bali-Rangda And Barong》、《Trance in Bali》等。

六、记忆——表象感觉

　　包括我在内，人们在外出旅行的时候是怎样购买土特产的呢？或者也可以换一种说法，即人们在旅行中所买的土特产究竟是为谁买的呢？那么现在我们就来看一下对这个问题的回答吧。首先就事论事，我们就把它看作是一种地方的土特产，有人回答说这是为某个人而买的，因此当然是为别人啦。不过，土特产在英语里是叫"souvenir"①。"souvenir"在这里是纪念的意思，这很明显不是为了别人而是为了自己吧。如果是这样的话，那么土特产和"souvenir"所具有的意思就不同了。这事情在很长一段时间我也是模糊不清的，有一次突然在意起来，于是查了一下日语中"御土产"一词的词源。

　　根据《岩波古语辞典》的解释，原来日语的"土产（miyage）"是来自"见上（miage）"一词，意思是"请好好看看仔细挑选！这可是送人的东西哟"。虽然一直以来我也认为"miyage"一定是与好东西、有价值的东西的意思有关联，但是说那是"请好好看看仔细挑选"的意思，还是让我感到有些许意外，同时也感到很有意思。如果我们留意一下"请好好看看仔细挑选"这句话，就会联想到近年来日本人的所谓购物旅行了，也

---

　　①　souvenir 原是法语，主要是纪念、留念、回忆等意思。而日语中"土产"读音为"miyage"。

就是为了购买外国的名牌产品而去海外旅行的现象。想必诸如此类的旅行也不是近年来才突然出现的，或许是日本人自古以来就有的一种旅行形式，只是现在又复活了。

要说之所以在旅行中回忆会成为人们关心的重点，当然是因为很多时候我们到访的是一个未知的地方、新奇的地方，但其实更主要的是因为在我们所到之处留下了我们愉快的经历吧。而且也是因为回忆能够将这种已经成为过去的、曾经的自己再次呈现在我们眼前，并通过这种呈现使我们再次获得自我认同的缘故吧。所谓自我认同就是指：我就是我而不是别人。但是要想重新找出根据来证明自己就是自己则非常之难了。为了给"我就是我"找到依据，至少还必须要有另外一个确确实实的我、具有存在感的我。为什么呢？那是因为只有在与另外一个自己的关系中，我们才能够证明自己就是自己。

通过护照来证明身份就是一个最通俗易懂的例子。没有任何一种情况比我们持有护照在外国的土地上行走的时候更让我们感觉到自己与日本政府是联系在一起的，感到自己是属于日本这个国家的了（我想，有这种感觉的人一定不少吧）。

国家"政府"发行的护照，就凭那张为了进行核对而贴上去的照片，在全世界无论走到哪个国家，都会从国籍和户籍方面来证明我就是我。这不是我们在心理上、精神上的自我认同，而是关系到外貌上、现实意义上的自我认同。然而，如果我们想象一下作为身份证，也就是自我认同卡片的护照一旦遗失或被盗，那么我们就会明白上面所说的外貌上、现实意义上的自我认同并不是什么决定性的因素了。因为当能证明我就是我的官方的证件遗失了，我们就很有可能被迫过上所谓没有脸的生活，而在这种情况下，不安就立刻会威胁到我们精神上的自我认同。

确实在旅行中，我们会遇到种种意义上的、各种不同形式的有关自我认同以及我就是我的问题。而当我们把旅行隐喻为我们的一生，那么在我们一生中就会遇到好几个作为人生阶段的关口。一般来说顺利通过这些关口，对于人的自我确立＝强化自我认同是十分必要的。这就是所谓"过渡礼仪"。

正如阿诺德·凡·根纳普[①]在《过渡礼仪》（菱部恒雄等译，弘文堂）中指出的那样："无论是对团体还是个人而言，所谓人生就是解体和重组、状况和形态的变化以及死与再生的永无止境的始而往复。所谓人生也是行动与停止、等待与休息，然后再次以不同的方式开始行动的过程。而且无论何时都会有一个应该跨越的新的关口。"阿诺德·凡·根纳普在这里所说的关口就是过渡礼仪，具体主要就是指人的诞生、思春期、成人、结婚、死亡等时期。

不过，我们还可以再加上入学、毕业、参加工作、退休等等。在这每一个阶段所进行的自我确认，使得每个人通过对这一个个阶段的回顾，把自己的一生打造成具有厚重感的值得回忆的东西。"过渡礼仪"在把人的一生比作匆匆而过的旅程来理解这一点上，与芭蕉《奥之细道》中的名句"日月为百代过客，行年亦羁旅之人"实在是不谋而合。

通过回忆得以重新展现的并不是只有自己的过去。重现他人的过去，尤其是过世之人的过去也是一种回忆。死去的人只有通过我们的记忆才能与我们产生联系，活在我们的心中。埋葬死者本来就是人类文化的起源。大凡葬礼就是为了把对死者过去的回忆再次鲜明地展现出来，可以说记忆犹新的同时，又是一种为了告一段落的礼仪。死者因我们的回忆而复生，而在这时，我们生者也经历了与日常生活所不同的具有深层意义的生。

所谓回忆，不是那种常常受到错误理解，只剩下伤感的回忆。那是一种更为积极的精神态度。最早一针见血地指出回忆功能在人类生活中具有非同寻常的意义的是小林秀雄。他在著书《所谓无常》中这样说到：

　　提起回忆，大家都会说它看上去很美，但大家都弄错了它

---

① 阿诺德·凡·根纳普（Arnold van Gennep，1873—1957），法国文化人类学家，其"过渡礼仪"的概念对后世影响很大。

的含义。不是我们动不动就要去修饰过去,只因为过去不给我们有多余的想法而已。回忆把我们从一种动物状态中解救了出来。我想仅有记忆是不够的,我们还必须去回顾吧。众多的历史学家之所以停留在一种动物状态,不就是因为他们的头脑已经被记忆塞满了,而心灵则很空虚,无法进行回忆了么?

善于回忆其实是件非常困难的事情。然而,由过去迈向未来,时间就像麦芽糖那样延伸而变得苍白,而要从这苍白的思想(我认为这就是现代最大的妄想)中逃脱出来,看来善于回忆似乎是唯一行之有效的方法。

这是小林氏充分地发挥了自己的专长而作的尖锐指出。其中最重要的一点是他把"头脑已经被记忆塞满"的那种记忆与认为是极富人情味的行为的回忆对立起来了,并把记忆贬低为一种动物性质的东西。但是话还得说回来,也并非只有填鸭式的记忆才是记忆,而且如果我们不以某种形式进行记忆的话,也就不可能进行回忆吧。因此倒不如应该说记忆有两种类型。小林氏的这种有关记忆和回忆的极富刺激性的区分很多地方是借用了亨利·柏格森①有关习惯性记忆(机械性记忆)与回想性记忆(纯粹记忆)的区分的。

所以,接下来我们还是先看一下亨利·柏格森的《物质与记忆》中有关记忆区分的论述吧。他的区分大致如下。说记忆有两种类型,一种是通过身体的反复运动所得到的习惯性记忆。如果打个比方的话,就好像是经过反复的练习才得以掌握的打字技术一样。这种记忆也可以描绘我们过去的经验,但这种情况下的记忆不是作为表象被唤起的。还有一种是自发性的回想式的记忆。这种记忆将过去作为一个表象回

---

① 亨利·柏格森(Henri Louis Bergson, 1859—1941),法国哲学家,他以"创化论"之说强调创造与进化并不相斥,反对科学上的机械论、心理学上的决定论与理想主义。主要著作有:《物质与记忆》、《创造的进化》、《持续与同时性》等。有趣的是他曾于1927年获诺贝尔文学奖。

想起来，是精神的记忆，而这就是记忆的本来形态，因此我们可以把它称作纯粹记忆。在这种回想式记忆里，我们将自身定位在了过去的某个阶段。

确实，所谓知识的死记硬背可以说是习惯性机械式记忆的一种。另一方面，所谓回想性记忆，则可以说是以一个形象化的整体时空作平面，将过去展现在这平面上。现在，由于电子科学的飞速发展，人类记忆的大部分都转交给了电脑。就是说，自古以来，人类逐渐地将自己与技术相关的身体器官（如手、足、眼、耳等等）的功能转让给了工具或机械，越来越外在化了。而这些机械随着由力学机械向信息机械发展，甚至具备了相当于人类的神经系统和预知能力的功能，开始了通过机械进行记忆的外在化。话虽说如此，但人类的记忆是不会消失在这种机械式记忆里的。为什么呢？这是因为首先回想式表象的记忆涉及到形象化的整体性。更进一步说的话，是因为这时回想式记忆是通过自己的身体包括精神，与人们各自的生活经历以及生活环境联系在一起的。

回想式记忆确实是非常人性化的记忆。但是正如到目前为止常常会被提出来探讨的那样（上面提到的亨利·柏格森的例子和小林秀雄的例子都是这样）未必可以说是一种排除了身体的精神上的纯粹记忆。不用赘言，我们人类是一种具备了高层次综合性活动的生命存在，对人类来说，精神是建立在身体的基础之上的，是与之不可分割的存在。回想式记忆是与这种人类存在的整体性结构和活动联系在一起的。而回想式记忆的表象性和无意识性则最充分地显示了这一点。从这一点而言，回想式记忆既是极具时空性的又是非常身体性的。

在这里如果我们再从"共同感觉"这一观点来看的话，那么所谓回想式记忆其实就是一种维系我们人类身心的"共同感觉"的功能。关于这一点，亚里士多德已经提出了颇为清晰的结论。他说：记忆伴随着一切时间，在所有动物中，只有感知时间的动物也就是人才具有记忆功能；而且，起记忆作用的与感知时间的是同一器官；人之所以能识别时间，这与识别大小和运动一样，是"共同感觉"的作用。

亚里士多德接着又说：所谓记忆，即便它是思考的记忆，如果没有表象（形象）也是不能成立的。"形象就是共同感觉的被动态"。在记忆中，尤其是回想式记忆，是其他动物所不具备的，是人类特有的。这确实像是一种推论或是研究。但是回忆的状态是属于身体性的，在这种身体性的状态里，回想就是探究形象（《记忆与回想》）。这虽然是亚里士多德在两千多年以前说的话，但令人惊奇的是它却击中了现代问题的核心。这种有关回想式记忆的问题是与共同感觉的作用紧密联系在一起的。正因如此，回想式记忆的问题才会像共同感觉被轻视甚至丧失一样受到忽视。

记忆与共同感觉的衰退并受到轻视确实是近代世界及"近代知识"中一个十分明显的特征。然而，既然如此，是否因为有其他什么替代它的东西产生了呢？回答是肯定的，那就是方法与分析性理性。近代科学和近代各学科的发展和展开在很大程度上依赖于此方法与分析性理性。其中，在这里我想首先提及一下的是有关替代了"记忆"的"方法"。

"方法"这个词带有特别含义而被广泛使用，主要还是在笛卡尔以后的事了。不过其中包含了从现在来看颇有意思的问题。

本来"方法"的意识里有着这样一种态度，就是对所有的事物，特别是关于过去或记忆的事物抱有怀疑，一切都要重新从头开始。就是说，在近代之初，人们为了从历史及传统的束缚和沉重压力下摆脱出来，或者是个人为了从共同体中独立出来，必须同依附于记忆及习惯的过去切断联系。于是笛卡尔所阐述的"方法"受到了追捧。所谓方法就是不通过记忆和习惯，必须只依靠理性来引导人们走向真理。而"方法"以这样一种形式与数学上的演绎及科学技术结合在一起，使得近代科学有了飞跃性的发展。

在这个意义上，近代明显是属于"方法"的时代。然而，今天由于"方法"原理的统治日趋深入，遍及各个角落，使得人们深切地感到自己的存在基础丧失了，于是记忆（与共同感觉相适应）作为一个与人类求知的应有形式有关的根本问题被提了出来。而有意思的是，也可以说是"方法"的始创者笛卡尔认识到了自己的记忆力较弱之后，为了要克服这一弱点，才想出了"方法"的。

笛卡尔清楚地知道自己不是一个记忆型的人，在记忆力方面没有丝毫优势。事实上他曾在著书《方法谈》中写道："我常常像其他很多人那样""乞求着希望自己拥有可以立刻回想起任何事情的记忆力"。于是笛卡尔拒绝了从古代、中世纪到文艺复兴时期作为修辞学的一部分一直存在于欧洲的传统的"记忆术"，取而代之的是想要采用将事物还原到其原因的"方法"以及归结到近代科学机械论式的因果关系的"方法"来作为新的"记忆术"。对此，他在《沉思集》中作了相当清晰的阐述。

> 我认为通过表象就很容易驾驭自己所发现的一切事物。这是通过将事物还原到其原因群来进行的，而所有这些原因群归根结底还是要还原到一个原因群。因此，很显然没有必要利用记忆将所有的知识记录下来。之所以这么说，是因为一旦知道了原因，凭借原因的力量就能很容易地再次搜索到完全消失了的印象。这才是真正的记忆术。

每当读到笛卡尔的这些论述我就会想，在某种意义上，可以说近代的研究和近代的求知活动多亏了笛卡尔的记忆力之脆弱，才开始与这种脆弱打交道的。当然，这不是笛卡尔的责任，但是，一直以来在近代科学的名义下，记忆与回想的能力受到了扼杀，对于这种状况我们究竟有多少认识呢？另外，为了给自己因为偷懒而没去培养原本的记忆和回想能力的行为寻找借口，哪怕是无意识的，我们不也利用了科学和科学知识么？当然，我这么说也是为了自我警惕。

七、同行者——另一只眼睛

旅行,究竟是独自一人去好,还是约上两三位什么人去好呢?又或者是团体组织去好呢?这可是个出人意料、难以回答的问题,不过也可以说是值得人们去进行一次思考的问题。为什么这么说呢?因为是一个人去旅行,还是两个人去旅行,或者是团体去旅行,形式不同的话就算是同一行程的旅行其性质也会变得很不同。

据说真正喜欢旅行的人是突然想到要去旅行于是就一个人信步而行地踏上旅途了。远离日常人际关系的纠葛,走到哪里是哪里,这种旅行是最合适独自一人不过了。因为独自旅行无需与任何人商量,自己一个人想去哪里就可以去哪里,而且在旅行的形式方面也不需要介意任何人。最能够尽情享受旅行的自由和偶然性的就是独自一人的旅行了。还有,在旅途中最能够直接地接触到实际情况,最能够认真地进行自我反省的,也是独自一人的旅行吧。

人们在定居的社会环境里生活,时常会想要逃离日常生活繁文缛节的限制和拘束,偶尔独自一人去到一个遥远的地方。但实际上能够付诸行动的人极少,很多时候我们只是在心里面想想而已,并不会去实行,所以其结果是这种想法越来越强烈。也正因为如此,人们对自由奔放的、近似于流浪的独自旅行的渴望根深蒂固难以割舍。所谓近似于流浪的独自旅行意味着人们对绝对自由的向往。

确实,对于旅行者本人而言,独自一人旅行的时候是最自由自在、最开放无羁、最富有冒险性的。而且,在一个人的旅行中,由于身边没有可以商量的同伴,故而所有一切都必须由自己思考决定,因此也就必须与自身进行积极的自我对话。在一个人的旅行中,我们就是以这样一种形式来面对旅途中所遇到的种种现实的。实际上这是件非常辛苦的事情。为什么这么说呢?因为你就一个人而要去应付旅行途中所遇到的所有现实情况,所以你没有时间放松一下自己,也不可能有闲情逸致,因而被迫处于一种紧张的连续状态之中,这样很难保证不出现疏漏。

所以当一个人去异国他乡旅行,几乎是处于一种不可抗力的状态,不是一部分行李被调了包,就是遇上了小偷等等。我自己先前曾在米兰城里遇到过一行三人的扒手,尽管我事先已经有所发觉,但还是眼睁睁地被偷去了相当一大笔钱。对方行窃的技巧实在是太高明了,团队合作实在是天衣无缝(当然,钱被偷了令我极为气愤,在此后的好几天心里都感到非常的不愉快),事实上甚至还让我略感佩服呢。

这是去年(1980)秋天在欧洲逗留期间,从法国再次进入意大利的时候发生的事情。因为一个月之前已经在意大利南部逗留了十多天了,对于在意大利的旅行已经颇为习惯了。再加上即使在经常被人们提醒有很多小偷的意大利南部城市那不勒斯我也一点儿也没事,所以有那么一点大意了吧。总之在那天我乘坐夜行列车穿过瑞士,早晨到达了米兰的中央车站。在车站小店用过早餐以后,因为都是现金支付,所以在那里等车站的外汇兑换店开门,然后把美元旅行支票兑换成了意大利货币里拉。心想这些现金用好几天也没问题了。于是就把旅行包寄存在了车站的行李寄存处之后就在车站前乘坐市内电车去市内走走看看。电车内很拥挤,我被那三个小偷团团围住了,完全没有办法,只有挨整。

三个人都是四十岁前后的男士,西装革履,穿戴整洁,看上去颇有绅士风度。虽然有那么一点游手好闲的样子,当然我一开始不可能知道他们三个人是小偷，只是自己很介意那三个人的存在。总感到那三个人像是围住了自己，于是突然就想到他们会不会是小偷啊。因此就把原先放在裤子右边口袋里的钱包转移到了上衣左边的口袋里，然后再用挎包遮挡住。

心想这下该没问题了，然而这种想法实在是很愚蠢。电车不知为什么在大街上稍停了一段时间，电车内有点混乱。我也受到影响，注意力被吸引到了别的事情上了。一阵吵闹后电车又开动了，那三个男人交换了一下眼神就在下一站下了车。我感觉到了有什么不对劲，心想难道真的被偷了吗？于是摸了摸上衣口袋确认一下，发现放在里面的钱包真的没有了！

可能是那三个男人联手作战，利用停车时车内混乱的间隙，乘我注意力转到了别的事情上，把手伸到挎包下面（这样一来其他人就看不到他的手了），迅速把钱包从口袋里掏了出来的吧。被偷掉的钱包里面除了现金还有存放行李的存单，所以我急忙回到了中央车站的行李寄存处，详细说明了情况，总算拿回了旅行包。寄存处的意大利人说那些偷窃团伙不是意大利人，而是从邻近国家进来的南斯拉夫人，但是真是假我很是怀疑。

被偷掉的钱对我来说是相当一大笔钱，但幸运的是还不至于妨碍我继续旅行。不过在此后一段时间的旅行中，总会不知不觉地对其他人抱有一种过分的警惕性，弄得自己精神疲惫。在这样的情况下，就会对一个人旅行、没有同伴的旅行感到非常之痛恨了。并不是说有了搭档或同伴就完全不用担心遇上小偷了，但如果是两个人同行的话，顾及不到的死角就会少得多，而且行动起来也会从容得多了。

再者，如果同行者是个好搭档的话，旅行中有什么事情也可以有一个商量的人，而且通过交谈还可以相互验证旅行中的经验。只是在现实中要选择这样的同伴是件很难的事情。如果选择了一个不合适的同伴，就会相互牵制对方的行动自由，反而成了一种相互之间的束缚了。最为理想的关系是，相互尽可能地尊重对方的独立性和自由，同时在必要的时候、遇到万一的时候齐心协力，能成为对方的一位很好的商量伙伴。即便是不能建立这样理想的关系也无所谓，在旅行中有个同伴，就多了除自己以外的另一只眼睛，就有了一个可以交谈的人，从这一点来说也是很宝贵的。

那么接下来我们再来看一下团体旅行是怎样的。即使是团体旅行也不能够一概而论，有的是与少数知根知底的朋友一起去旅行，有的则是所谓团体旅行或套票旅行。前者虽说也是团体旅行，但这与两个好朋友一起出去旅行在本质上应该没有什么太大的区别。因为如果进行得顺利的话，各自都能够保持独立和自由。而且自己与其他人的关系不是固定性的而是可动性的，因此，如果有效地运用这种关系的话，旅行将会变得更加丰富多彩。

不过，人数太过多的话，人们就会把重点放在旅行团成员之间的相互交流上，而不去接触所到之处的现实社会了。因此，团体旅行常常会变成类似一个移动的宴会这样的活动了。所谓团体旅行、套票旅行，就是有一条事先早已制定好的路线，日程安排得满满的，而且是乘坐旅游巴士被带到目的地（就像在之前的《身体力行》一章里叙说过的那样），因此，只有在旅行中才能接触到的独立性、自由、偶然性、性质不同的现实等等就明显地减弱了。当然，这样的团体旅行也要看如何运作，有时候也可能得到丰硕的收获，不过这种时候无论是旅行的形式还是同行者的情况应该都有很大不同的。

我似乎有点太过强调实际旅行中的同伴、同行者了，不过对于"求知的旅行"而言，有无同行者或者同行者的情况如何是一个非常重要的问题。甚至可以说在实际的旅行中遇到的情况在"求知的旅行"中几乎同样会遇到。也就是说在"求知的旅行"中，旅行同样首先是以冒险、探险和自我解放为目标的。因此，在"求知的旅行"中当然存在作为个人的问题必须独自一人去解决的情况。但是单凭一个人是不够的，从大局而言，还要有许多朝同一个方向前进的同行者，尤其是，这些同行者既是你很好的理解者，同时又是一个严厉的批评者。这一点无论如何都是必需的。如果没有很好的理解者,要进行有众多困难在等待着你的求知冒险是很容易遭受挫折的。另一方面,如果没有严厉的批评者,那人们往往就会迷失自我,很容易陷于自我满足的境地。

我在上面说了,在"求知的旅途"中需要许多同行者,他们能够在大局上朝着同一个方向迈进,既是一个很好的理解者,同时又是一个严厉的批评者。所谓在大局的意义上朝着同一个方向迈进,就是各自按照自己的专业和自己的兴趣,并且又共同来面对跨学科的当前新出现的问题。不是把见解统一到特定的认识上,而是要一起从既有的固定概念中解脱出来,以开放的心态共同来思考一下哪些问题是目前应该最先探讨的。现在这样的知识革新、求知冒险很难在受到过去的分类限制的领域中以及被限定的专业的框架内实现。因此人们还提出了"跨学科研究"的概念。但是,这也很难有结果。因为大家并不是都同样怀有从既有的固定概念中自由开放出来的心态。

另外,还有人悄悄地嘟囔说,当"跨学科"这个词语受到大力追捧的时候,最需要的不是"跨学科",难道不是更进一步的"跨学艺"么?说这话的人就是林达夫①氏。林氏之所以明明知道"跨学科"这个词在日语里尚未固定,而故意针锋相对地提出了"跨学艺"这个在日语中更不成熟的单词,其理由之一是为玩文字游戏。但是他还有一个理由,是想要强调真正的知识革新不仅仅是学术研究相互之间的交流,而学术与艺术、技术之间的相互交流和相互提携也是很有必要的。如果我们将分析方向再推进一步的话,那么学术研究、特别是近代的学术早已失去了艺术、尤其是艺术所具有的形象化的整体性。在学术领域,一直以来也通过种种形式进行了综合性的努力,但是归根结底,它远离了根本的表象整体性。

如此这般,进行知识的革新和冒险所必要的是建立在学术与艺术

---

① 林达夫(1896—1984),日本著名思想家、评论家。一生留下很多著作,主要是关于西方文化史、文明史的。

之间相互交流和提携的基础之上，具有开放心态的人们之间的合作。然而，这在所谓研究学者和艺术家这样一种广义而言的作者之间的合作之下是很难完成的。与研究学者和艺术家的合作同样重要的是作者与读者（享有者）的合作。以前一直认为两者的关系是，优秀的作品是作者的原创，而读者（享有者）只是被动式地接受。但实际上两者并不是那样的关系（这本不用赘言）。如果一定要说的话，我认为作品不是单凭作者的力量产生的，倒不如说是作者与读者（享有者）合作的产物。

任何作者，如果没有设想过自己作品的读者（享有者），是不可能进行创作的。比如说日语，如果是用日语写东西，那自然而然会设想到读者是日本人以及懂日语的人。不仅如此，即使是在日本人或者是懂日语的读者中间，也还会考虑到这些人具有哪一方面的素养吧。比如说有时候看上去似乎并没有设想过什么一定的读者，那也只不过是看上去没有而已。相反，在这种时候，作者已经无意识或者是不自觉地设定好了一定的读者（享有者）。

读者（享有者）的层次或素质的问题，从另外一个角度来看，其实是读者的阅读方法的定向问题。无论哪一个领域的作品可以说都不是出现在真空当中的，而是具有一定的表现方向的。这就是有关阅读方法的方向的一种默契。汉斯·罗伯特·姚斯①就文学作品也作过类似的阐述（《作为挑战的文学史》，轡田收译，岩波书店）。他说就算是新出版的作品，也不是作为一个全新的信息出现在真空之中的。相反，作品的意图和前提（包括创作作品的种种前提条件）已经事先通过广告以及某种信号或符号或指令等，使得读者按一定的方式接收到了。

然而这种有着一定方式的接受，是不是使得读者仅仅成了一个被动的接受方了呢？这倒也未必如此。为什么呢？因为就每个作品而言，都有其某种特定的接受方式，也就是"期待的平面"。这反过来也意

---

① 汉斯·罗伯特·姚斯（Hans Robert Jauss, 1921—1997），德国文艺理论家、美学家，接受美学的主要创立者和代表之一。主要著作有：《作为挑战的文学史》、《文学范式的改变》、《审美经验小辩》、《审美经验与文学阐释学》等。

味着读者在很大程度上参与了作品的形成。根据姚斯的说法，"作品只有通过读者的中介才能保持一种连续性，进入到变化的经验平面中去。通过这种连续性，单纯的接受不断地向批判性的理解转变，被动式接受不断地向能动性接受转变，已经被认可的审美规范又产生出新的超越自己的规范"。也就是说，当一定的接受方式成了线索，读者不仅仅是停留在被动的接受者角色上，而是成为一个包括批判性的理解在内的能动的接受主体了，并且为作品的诞生和存在提供了巨大力量。

因此，读者（享有者）对于作者来说不是单纯的被动的信息接受方，相反是对话者，是另一只眼睛。但是在现实中，对作者而言，类似这种对话者的具有一定范围的读者很难在形象上成为一个整体，很难把握。因此，编辑作为读者代表承担起了重要的角色和作用。他代表现实中众多的读者向作者进行提问，同时又是一位具有严厉的批判目光的编辑。特别是在现在这样一个时代，仍然拘泥于求知的陈旧范例，新的规范还都没有明确建立，因此编辑在阐明读者中潜在的领先于时代的期待并向作者提出质疑方面起着重要作用。

姚斯虽然对读者说了要"能动的接受"，依此类推，对编辑也可以说要"能动的编辑"吧。这当然不是说要编辑随便地走在前面或进行引导之类，而是要为作品的内在形成做好助产妇的角色。苏格拉底把哲学的工作比喻为"知识的助产妇"。在这一点上，可以说编辑工作也很相似，与哲学工作是相通的。

八、迷宫——走进深层世界

　　在陌生的地方迷了路是一件很可怕的事情,而要是在语言不通的地方迷路那就更为可怕了。被卷进了一个完全不同的世界,不知道将会发生什么事情,很担心自己还能不能再次回到原先的世界等等。不少的人就算实际上没有这种经历,但在梦中遇见这种情形被恶梦魇住的情况还是有的吧。在陌生的地方迷了路,的的确确是件可怕的事情。不过,要说是否除了感到可怕就没有其他了呢,那倒也不尽然,相反其中存在着一些强烈地吸引我们的东西。那些看上去很容易迷路的道路,不知为什么,自然而然地就让我们很想去走一走,似乎我们走在这样的路上会觉得愉快。

　　我在外出旅行的时候也常常根据个人喜好钻进类似的道路行走。虽然也常常会津津乐道地和别人说自己遇到了一些可怕的事情,不过走这样的路觉得愉快不仅仅是出于这个理由,而且是与城市空间的状况有很大关系。文艺复兴时期的意大利建筑家莱昂·巴蒂斯塔·阿尔伯蒂①也认为,一个理想的城市其街道应具有迷宫的性格。他在《论建筑》中说:"在城市中心地带,与其是把街道建得直直的,倒不如建成弯

---

　　① 莱昂·巴蒂斯塔·阿尔伯蒂(Leon Battista Alberti,1404—1472年),意大利建筑师和人文主义者。他同时又是画家、雕塑家、音乐家、作家、数学家和律师。

弯曲曲的来得更好。狭窄的街道在天气炎热的时候可以为我们抵御阳光，而且通风也好。弯弯曲曲的街道不仅可令惬意清爽的微风畅通无阻，而且又能为我们遮挡冰冷刺骨的寒风。此外还有审美学上感性论上的长处：在弯弯曲曲的街道上行走，每当你前进一步就可看到新的风景，而且所有人家的前面和门口都直接面向道路的中央。如果由于街道的曲折，每家人家的视野也都开阔了，那对于人们来说一定会感到健康而快乐吧。"

阿尔伯蒂的这番话是关于城市、道路和居屋的存在形式的精湛论述，极具洞察力。特别是他说"每当你前进一步就可看到新的风景"，实在令人赞叹。每前进一步就可看到新的风景，就意味着我们不断地将自己置身于未知的风景之中。而且可以说通过将自己置身于未知的风景之中，我们感到了一种畅快的"眩晕"。说眩晕或许夸张了些，不过这种快乐的的确确是"眩晕"的快乐。罗杰·凯洛伊斯①就曾经在《游戏与人类》（清水几太郎等译，岩波书店）中将"眩晕"列为"游戏"的四个基本要素之一。与凯洛伊斯所说的"眩晕"相比，这里所说的"眩晕"要轻微得多，不过"眩晕"还是"眩晕"，这一点可没有变。

所谓罗杰·凯洛伊斯关于游戏的四个基本要素之一的"眩晕"是这样的，他说游戏的基本要素包括：一是竞争；二是偶然性、色子游戏；三是演戏；四是眩晕、旋转。其中眩晕就是指那种自己主动地去追求眩晕感觉的游戏，就是使自己的知觉只是在一瞬间失去稳定，让自己在清醒的意识之下感觉到一种愉悦的恐慌。也就是说，它使人进入一种一下子消失了现实的、痉挛、忘我和麻痹的状态，然后再通过各种让身体运动的方式去体验这种感觉。比如，空中秋千、坠落、跳下、急速旋转、滑行、全速运动、直线运动的加速以及这些运动与旋转运动的组合等等。凯洛伊斯说与此并行的还有精神方面的眩晕状态，就是让人突然感到

---

① 　罗杰·凯洛伊斯（Roger Caillois，1913—1978），法国评论家，著有《神话与人类》、《游戏与人类》等。

恍惚的状态。

在像迷宫一样的道路上行走的时候感觉到的那种眩晕,虽然主要是精神方面的因素,但也不是与旋转及坠落完全没有关系的。当我们想到迷路状态越来越厉害的迷宫、原型的迷宫的时候,就会联想到旋转和坠落了。而且当人们在迷宫中行走的时候,那种状况也可以联系到游戏的第二种及第三种基本要素,也就是偶然性和演戏。在迷宫中行走和移动,按照象征性表现的视角来看,就是表现为一种坠落地狱和在胎内遍历。迷宫世界的问题可以扩展到这些方面。

坠落地狱和在胎内遍历的情景,我们常常在构成人生各个阶段的"过渡礼仪"中,特别是在参加重要的共同体社会或共同信仰组织的加入仪式时可以见到,那就是死与再生的象征表现。根据米西尔·埃里亚德①《生与再生》(堀一郎译,东京大学出版会)中的研究,这种象征表现大致分为两种类型:第一种类型,重点放在带有出生性质的秘密仪式上,其内容情节以危险性比较低的回归胎内为主;而第二种类型则是以危险性较高的回归胎内为主的,在通过仪式的考验中伴随着死亡的危险。

其中,第一类型是拟态式的胎内遍历的特性较强,而第二种类型则是置身于偶发性危险中的下地狱式的特性较强。作为第一种类型的例子,埃里亚德提到了这样一个事例:说在澳大利亚的秘密宗教 kunapipi 的成人仪式中,新加入者被命令用树皮从头上将身体裹得严严实实,装作睡着了的样子。他们按照年龄大小就这样并排睡着一动也不动。当地人把这种情形说成是"像二重母神那样隐蔽在小屋子里"。在这成人仪式上,当一段时间的狂欢喧闹活动结束后,便开始举行最后的接纳仪式。首先在两根柱子之间放上薄薄的跳板,再把它竖立在神圣的土地和墓地之间。再用被木板把柱子遮挡住,结束了加入仪式的男子们排

---

① 米西尔·埃里亚德(Mircea Eliade,1907—1986),罗马尼亚宗教史学家,人文主义者、哲学家、作家,是《宗教百科全书》的总编。主要著作有:《比较宗教的范型》、《宇宙和历史》、《永恒回归的神话》、《瑜伽:不死与自由》以及《萨满教》等。

在这木板后面。然后两脚朝地紧紧抱住柱子不放,完全不让外面看见。这种吊在柱子上的行为也就是表示在胎内。接下来他们就转世重生了。也就是有两名男子爬上柱子的顶端,像刚出生的婴儿那样竭尽全力大声叫喊。

其次是第二种类型,这里面存在着好几个变化。其一,是神话故事里常见的情节。某英雄被海怪吞噬了,不一会儿捅破海怪的腹部,重新展现出英姿,骄傲地宣称胜利。其二,是巫师神话或奇迹故事中常见的情节。这时候的巫师处于一种忘我的状态,进入到巨大的海鱼或鲸鱼腹中。其三,是举行一个仪式然后通过长着牙齿的女性生殖器之类的神话故事中常见的情节。具体来说就是下降到一个危险的洞穴和岩石裂缝(即进入另一个世界的入口),这种洞穴或岩缝被看作是地母神的口或胎内。其四,就是在移动着的石磨之间,或者是在随时都有被卡住的危险的两座岩石之间,有一座细得像蚕丝一样的桥等等,诸如此类有关危险通道的神话故事中常见的情节等。

在这些危险的回归胎内的情节中最具完整性特征的是什么呢? 那就是英雄没有回到胎儿状态就进入了大母神胎中的情节。其结果是带有了强烈的下地狱的性质。作为极具象征性地表现了此类回归胎内的一个情节,米西尔·埃里亚德就举了波利尼西亚毛利族所流传的神话故事中的英雄茂宜的例子。就是从我们的观点来看这也是很耐人寻味的。

毛利族的大英雄茂宜在经历了各国的冒险之后,又回到了本国女祖"伟大的夜之女王"的家。当他看到夜之女王正睡得很香,于是就立刻脱去自己的衣服钻进了女王巨大的体内。然后茂宜又排除万难深入到了女王的胎内。可是就在茂宜还差一点就可以从女王的口中逃脱出来的当口,他带在身边的鸟儿们一起笑了出来。因此女王马上睁开了眼睛,她的牙齿一下子咬了下来,将正想要从她口中逃出去的茂宜咬成了两段(毛利族人说,人之所以一定会死去其原因就在于此)。

这位毛利族的女祖就是地母神,进入到她的胎内就意味着活生生地降落到了大地深渊，也就是地狱。因此，这里所表现的情节，同古代东方世界和地中海世界的神话故事等里面常有的情节一样，主题就是入地狱。而这时地狱的大母神更是以死亡女神、死者的女王的面目出现，而且极具邪恶性及攻击性的。比如，在马勒库拉岛的送葬神话故事中，凶恶的女神在洞穴的入口处或岩石边布下阵，等待死者的灵魂过来，并在前面的地面上画上一幅"迷宫"图。当死者来到，她又把这幅图的一半擦掉，使死者看不懂地图。这时，如果死者曾接受过通过仪式，知道地图的构图的话，那他就能很容易地找到路。要不然的话，女神就会把死者吃掉。在马勒库拉岛，到处是都画着许多像迷宫一样的图案，不过埃里亚德说：那是为了指引死者以便其在通往死者之国的旅途中不会迷路。

在通过仪式中象征下地狱的表现就是，当死者和超人的英雄踏上通往另一个世界的旅程时，无论如何都必须要面对一个穿越迷宫式道路的考验。谁能够顺利地通过，那他就不会死并且将得到永生。而在另一个世界（冥界、地狱），人们经受着严峻的考验，那是恐怖的地狱，同时也是智慧和知识的世界。正因为如此，在某些神话及英雄故事中，英雄们为了寻求深奥的智慧，为了得到秘诀而进入地狱。这种经历了下地狱的死和再生，从另一个侧面来看，就是为了寻求隐藏的智慧和知识而走向深处的旅行，就是寻求知识更新的旅行。

如上所述，下地狱虽然是神话层次的故事，但极为耐人寻味的是，其明确了深刻的人类的意义，即人类是通过生命的、精神的、知识的更新成长起来的。而这一事实又经荣格①学派的深层心理学被再次清晰地发掘出来，认识到"个性化的过程"就是生机勃勃的坚实的自我确立的历程，就是整合"影子"的过程。

也就是说，我们人类为了坚定地确立自我，充分地实现自我，最重

---

① 卡尔·古斯塔夫·荣格（Carl Gustav Jung，1875—1961），瑞士著名精神科医师，也是分析心理学学派的创始人。

要的是如何将作为自己分身的"影子"融入自身内部,并不断进行整合。那么,这里所说的"影子"是指什么呢? 根据河合隼雄[①]《影子现象学》(思索社)中的研究,据说荣格的"影子"概念未必很明确。不过,即便如此基本上也可以从以下这样一种视角来理解,即人各自都有着自己特有的生活方式和人生观,各自都以一个具有连贯性的整体来把握自己。但是当自我有了一个连贯性的时候,反过来,与此不相容的这个人的其他方面就会受到压抑,就会毫无依靠地存在于不具有意识的领域里。这种在现实中不能依靠其本人生存而活着的另一面就是这个人的"影子"。这"影子"虽然会在心灵深处威胁着这个人,但是,人如果能够将这个"影子"巧妙地融入自身内部的话,就可以与自己心灵的更深层部分进行交流了。

而且,这"影子"并不只是属于个人的影子。这也是与普遍的无意识有关的普遍性影子。所谓普遍的影子不是别的,就是把不能依靠其本人生存的另一面普遍化、绝对化了。这样,"影子"就具备了个人的影子和普遍性影子这两个层次。正因为如此,"影子"的问题才更加根深蒂固地存在于人类的深层世界里。而且,当我们朝着这个方向对"影子"的问题追究下去,又再次与"迷宫"的问题相遇了:总觉得我们的"影子"似乎栖息在"迷宫"里,在"迷宫"中徘徊着。荣格学派的冯·弗兰兹[②]女士在"个性化过程"(《人类与象征》第三章,河合隼雄监译,河出书房新社)一文中给我们介绍了一位 48 岁男士所做的可怕的梦。据说这位男士是个极为勤奋的人,致力于做到不依靠别人凭借一己之力生活下去。他对待工作满腔热诚,对待自己十分严格,而且过度地压抑自己享乐的欲望。他做的梦是这样的:

> 我在城里有一座非常大的住宅,并居住在那里。但是还

　　[①]　河合隼雄(1928—2007),日本心理学者、心理治疗师。曾任日本文化厅长官、京都大学教育学院院长、国际日本文化研究中心所长。

　　[②]　玛丽·路易斯·冯·弗兰兹(Marie Louise von Franz,1915—1998),瑞士心理学家,以童话分析著名,出版了二十多部有关分析心理学的著作。

不知道住宅里各个房间的情况如何,于是我就在院子里走走看看。主要是在地下发现了几间房间。关于这些房间,我一点儿也不清楚,那里甚至还有通往别的地下室和地下道路的入口。看到这些入口有的没有锁上,有的甚至连锁都没有,我心里感到很不安。而且,有几位工人正在附近干活,他们要是想悄悄潜入的话随时就可以进来的。

当我上到一楼经过后院的时候,发现那里也有通往街道和邻居家的入口。我正要仔细察看,一位男士走了过来,大声笑着说我们是在小学时候就认识的老朋友。我也记得他,在他告诉我有关他自己生活情况的时候,我来到出口处,去街道上溜达。

那里的空间有一个奇妙的明暗对比,走在其中宽大的循环道路上,我们来到了一个有绿色草地的地方。这时候突然有三匹马飞驰而过。这三匹马形体健美,虽然是野生的,但是打理得很好,没有人骑在上面(这些马是从军队里逃出来的吧)。

冯·弗兰兹在提到这阴森森的梦中"迷宫"和"影子"关系时说:"奇妙的通道、房间、地下室内没上锁的入口等等的迷路,让我们想起了古代埃及地下王国的表现特征。"这"显示了某人在那无意识的影子部分里,是怎样被暴露在来自他方的影响下的,那阴森可怕而且不甚协调的因素是多么容易地进入"。突然出现在后院的小学时的老朋友,还有飞驰的三匹马,都是他自己在无意识中一直压抑着的自身"影子"的显现。冯·弗兰兹在进行了这样的论述之后又例举了超现实主义先驱乔治·德·基里柯①的那幅极为符合其标题的阴森可怕的画《不安之旅》,说这幅画中的现代迷宫,表现了"个性化"与自我感觉的"影子"最初接触

---

① 乔治·德·基里柯(Giorgio De Chirico, 1888—1978),意大利画家、雕刻家,是形而上学绘画的创始人。后来对于超现实主义运动有巨大的影响和推动。

的感觉。

　　这里充分显示了，没能够在我们的现实中生存的另一面——"影子"栖息在"迷宫"里，在"迷宫"中徘徊着。当然，这种将"影子"形象化并与其相遇的过程就是整合"影子"的"个性化"的第一步。而且，荣格学派深层心理学所说的"个性化"再稍稍广泛一点（同样还是在心理学范畴）来讲也可以叫做"自我实现"。总而言之，这是指我们每一个人要在自身内部整合更多的相反因素，并且通过这样一种形式去实现自己所具有的可能性。假如我们不断积极地吸取自己的"影子"、敢于挺身进入"迷宫"中去的生活方式就是"个性化"的话，那么我们就会明白，被认为是荒诞无稽或者不寻常的、敢于冒险的神化和传说中的英雄故事绝非与我们每个人的生涯历程无缘。

九、时间的发现——节奏与祭典

说起旅行，一般都以为只是离开自己住惯了的地方到另外一个遥远的地方去而已，也就是空间的移动。但是其实这时候我们反而是在时间中旅行。难道不是吗？的确，在旅行中，我们无论是徒步还是驾车，或是乘坐汽车和飞机，很明显是穿越空间从一个地点前往另一个地点。而且在旅行途中所到之处，会遇到与我们住惯了的地方完全不同的种种自然、人们和文化，可以说我们是通过当时的那种感动和印象，强烈而切实地感受到了自己正在旅行的吧。

然而，如果我们回想一下自己作为个人经历的旅行就会发现，那时的旅行极具时间性特征。一般来说，最详尽地记录了作为经历的旅行的首先是旅行日记和游记吧。旅行的日记和游记之类，原则上讲（笼统地说）一般都是按照日期、时间来写的。但是，上面之所以说旅行极具时间性特征，并不是仅仅出于这个理由。我们通过旅行或者因为旅行，重新发现了隐藏在日常生活当中不易被察觉的时间的存在形式。

即使是旅行日记和游记之类，要是详尽地记录了作为经验的旅行的话，那应该不止是把旅行途中遇到种种的事情仅仅当作一个事实，按照时间经过的顺序流水账似的记录下来吧。比如说歌德的《意大利纪行》（虽说按照纪行形式出版还是在实际旅行30年之后的事情），放在从古到今无数的游记中来看，是对事实的观察和描写较多的游记。而最著名的是他对这些事实的细致观察和描写基本上是按照时间经过的顺序进行的。这种对事实的细致观察和描写,当然表现了歌德强烈的求知的好奇心,但是也常常会使读者感到枯燥无味。

不过仔细一读我们就会明白,其中不仅有物理上的时间经过,还流经了另外一种时间。而且,恰恰就是这些部分使得整篇《意大利纪行》成为了一部出色的游记。第一个认识到时间上的过去、现在和未来是与人的记忆、知觉(或直觉)、期待作用相对应的人是圣奥古斯丁[①]。据奥古斯丁的《忏悔录》中说,时间这个东西是由过去、现在和未来构成的,但是这三种要素的性质各有不同。

就过去而言,虽然留下了痕迹,但是事物本身已经不复存在;而关于未来,则是虽然即将到来,但目前尚未存在。在现实中存在的只有现在,但是这个现在也是我们刚要想定睛凝视它一下却即刻从眼前消失了。根据这样一种形式,所有一切都是现在,而至于过去与未来,一个只不过是依靠记忆,而另一个也只是通过期待才与现在联系在一起的。在歌德的《意大利纪行》中,所描写的每一个当时的现在也都蕴含着两个要素,一个是想要从呆滞郁闷的过去的记忆中脱离出来,另一个则是对明快轻松的未来的期待。

众所周知,歌德作为一个诗人而且也作为一个人,从年轻时候起就去了向往已久的南国意大利进行环游,在这被他看作是感性、美丽和自由的国度里寻求新的转机。对歌德来说,这是一次重新发现自我,满怀着再生愿望的旅行。歌德在《意大利纪行》中也表现出了这一点的,比如在罗马他写道,大凡欲了解罗马,那么"人必须再次投胎转世","虽说我依然还是同一我,但是我以为自己已面目全非,一直到骨子里全都变了"。之后他到了那不勒斯,说:"在这里,谁都以一种醉生梦死、忘我的态度生活着。我也一样,忘记了自己,好像是完全成了另外一个人了。"

---

① 奥古斯丁(Aurelius Augustinus,354—430),古罗马帝国时期基督教思想家、哲学家,教父哲学的重要代表人物。在罗马天主教系统,他被封为圣人和圣师。著有《忏悔录》、《论三位一体》、《上帝之城》、《论自由意志》、《论美与适合》等。

《意大利纪行》虽然是以全景立体画的叙述手法使读者可以看到内容的全貌，但并不只是事实的罗列。首先是因为，在《意大利纪行》里从过去的记忆中脱离出来与对未来的期待是作为一个内在的时间构成了一个独特的节奏的，但又并非只此一点。还因为歌德从巴伐利亚地区越过布里纳山岭来到了北意大利的维罗纳，然后又相继遍访了威尼斯、佛罗伦萨、罗马、那不勒斯、西西里亚等等，在环游中他切身地感受到了各地的风土人情和日常生活中固有的节奏，也就是时间。这一点他在《意大利纪行》中也都有直接清晰的表述。比如他写到："身在罗马就不由地想到要学习，而在那不勒斯就很想要活下去。"

鉴于上面这些理由，所以在作为经验的旅行，作为生存经验的旅行中，旅行基本上不只是在物理性时间的经历中从空间的一点向另一点移动。这就是说，人们携带着由记忆（即过去）与期待（即未来）构成的内在时间，在各地不同的风土人情和固有的生活节奏中环游。当然这也不只限于歌德的旅行，在一般的旅行经验里，"现在"之所以可以栩栩如生地出现在人们眼前，全都有赖于由记忆和期待构成的内在时间。还有，旅行之所以会给我们带来强烈的印象、惊奇、感动等等，那是因为我们与各地固有的节奏（即时间）进行了接触。

确实，我们通过旅行重新发现了隐藏在日常生活当中不易被察觉的时间的存在形式。这一发现包含了许多东西，其中颇有意思的是，一直以来普遍认为乘坐飞机旅行正是旅行时间等质化（即抽象化）的罪魁祸首，然而，可生存的时间的非等质性反而因为乘坐飞机旅行而暴露了出来。而且，在可生存的时间中所隐藏的庆典性反而会在诸如远距离旅行的飞机舱内那样的、乍一看极为抽象的空间里表现出来。前者关系到所谓的时差反应，就是当你乘坐高速喷气式飞机沿着地球东西方位的轴线去远方的时候，由于时差产生了时间的延长或缩短，而对此我们人体内的生物钟节奏又不能够马上适应。

就是说，人体内生物钟的日周期节奏可以感知到差不多24小时周期的循环，虽说其本身是生物性物质，但它不断地与宇宙的节奏相呼应，形成了文化节奏的基础。另一方面显示了，时差虽然其本身也是地球物理性现象，但等质的时间之间由于空间的不同而产生了偏差，也就是说不是绝对的等质。因此也可以说，时差反应的现象使得习惯了等质性时间的现代人在时间观念上出现裂痕，威胁着这种时间概念。

后者则是，在远距离飞行的机舱内，目的地和时间经过甚至生命都交给了飞机，这种无所事事的状态反而使时间裸露了出来，还有这种时候出现的庆典性问题。虽然和这种情况十分相似的庆典性或者喜筵性，在旧铁道夜行长途列车的车厢内也时常可见，但因为距离、速度和密封性都相差很大，所以不能够相提并论。吉田健一氏[①]的小说《飞机中》(小说集《旅行的时间》，出河书房新社)似乎是注意到了在远距离飞行的机舱内，时间出现了这种庆典性、喜筵性，他在书中这样写道：

"呆在好像是漂浮在宇宙某一处的飞机里，想象着或许将要发生什么事情。只是这样想着，事实上完全是无所事事，渐渐产生出一种含含糊糊的状态，要是有人认为酒就是为这种时候制造的那也无可非议。"对于谷村(小说主人公的名字)来说，在飞机中的这段时间成了喝酒的好借口。但事情远不止于此，谷村在机舱内的乘客中物色到了"看来有着同样嗜好"的人作为酒友。这是一位"感觉像是西洋童话故事里的小人"那样的外国人。

谷村虽然觉得和这位"童话故事里的小人"一起喝酒很有趣，但同时又想如果对方真的是"童话故事里面的小人"，那就会发生什么意想不到的事情，要是只是一起喝喝酒的话或许就有点对不起他了。"而飞机一般来说一旦从什么地方起飞了总是要到达目的地的，一路上和有点与众不同的人物一起，对于满足希望发生什么戏剧性事情的好奇心来说是最合适不过了。"据这位"小人"说，他是去香港。于是谷村就胡思乱想起来：弄不好他会不会是干走私这一行的呢？不过，就算是也不

————————————

① 吉田健一(1921—1977)，英文学翻译家、小说家、评论家。其父就是日本历史上担任过五任日本首相的吉田茂。

会因此而有什么坏事吧,等等。这架飞机是伦敦飞往东京的,当时正从罗马向希腊飞行。

两个人边喝酒边聊天,似乎是为了庆祝什么还开了香槟。当飞机由阿拉伯向波斯飞行的时候,没想到这位怪怪的"小人"突然对谷村说:"我给你讲个童话故事吧。"谷村回答说:"好极了!"心里还在想他终于说出了真心话,说不定就是他自己的故事吧。但是听着小人讲故事,谷村总觉得越来越有一种令人不安的犯罪的味道了。而且还不是小犯罪,是很严重的犯罪。故事中说要警告伊朗政府威胁要爆炸油田,勒索巨款。

当谷村心里正在想这种事情怎么可能发生呢,而那小人却若无其事地说起了实行方法。"但是事先警告他们如果、假设将会发生他们怎么想都不可能发生的事情,之后如果他们不汇钱的话,这次就威胁说要爆炸石油。过一段时间,前面所讲的不可能发生的事情发生了那将会怎样呢? 这样一来,那不爆炸石油就不行了吧。"还说所谓不可能发生的事情就是,比如爆炸伊朗国内罗马时期留下来的古迹。而且,听这小人的口气,这爆破装置似乎已经安装好了。即便如此,谷村也还是没当回事。飞机为了加油降落在了卡拉奇。一封发给小人的电报已等在那里了。小人看了电报后说,电报是告知我说刚才我讲的那个计划成功了。

听起来完全像是童话般的故事,但在这短片小说《飞机上》里却写得很有不可思议的真实感。这是因为作者充分地感受到了"飞机上"的"旅行时间"所具有的庆典性、喜筵性吧。可能被认为是荒诞无稽的这段童话故事之所以具有真实感,是因为机舱内的庆典性时间十分浓厚,甚至成了一种神话性时间。

不过,这种庆典性时间,在与日常的时间对比的时候,则是一种意义浓厚、凝缩性的充满了强烈的生的时间。但是当人们不能以适合这种时间的形式去应对的时候,反而自己的存在会受到威胁。本来,人类文化之所以会创造出各种各样的庆典形式,是因为庆典性时间被运用到了充实和提高本来的生活上面了。即便这样的文化缺乏节奏感，但如果我们要从生硬而笨拙的精神上去追求庆典性时间，并强烈地感受它的话，那么这时我们自身的存在就会受到威胁了。

结合这一现象，木村敏①氏在《分裂症的时间论》（笠原嘉编，《分裂症的精神病理5》，东进大学出版会）中将精神疾病区分为两类，一类是受"庆典后"的时间威胁的，另一类是受"庆典前"的时间威胁的。这种认识方法不仅对于作为精神疾病的分裂症研究来说十分重要，而且在弄清庆典性的时间与人类自身的关系上也是极有启发性的。

木村氏说，精神病患者的体验大致上讲可分为"非分裂性妄想体验"（就是深受忧郁症、躁郁症所反映出来的被害妄想和关系妄想的折磨）与"分裂性体验"两大类。在这两大类中，前者的病情表现为内在时间的流动停滞了，而应该展开的未来却闭塞了。换句话说就是表现为"落后于自我"、"事态无可挽回"的状态。这种时候，因为可生存的时间本身被当作"无可挽回的未解决的事物"来体验，从而患者认为事到如今一切都为时已晚、难以弥补，故变得带有马后炮即庆典后的性格了。因此，对于这种精神病患者来说，作为人的自我存在只有通过与过去的联系，即不断地将现在与过去联系起来，才有可能成为一种主观上安定的状态。

相对于这种情况，后者的"分裂性体验"的特征则表现为预见未来、预感性、抢先行事。因此，这种时间构造与前者正好相反，可以称为庆典前。就是说这种分裂症患者对于自我存在的可能性，不断地从未来的角度提出疑问进行质疑。换句话说，对患者而言，现在自己究竟是怎样一种存在的问题并不那么重要，更重要的是今后自己是否还能是自己的问题。因此其中表现出一种担忧，害怕自己将会变成不再是自己了。在众多的分裂性患者中常见的申诉（比如"总觉得自己不是自己

---

① 木村敏（1931—），精神科医生、精神病理学家。出生在中国东北，其家族是日本京都的一个医学世家。

了"啦,或者"没有自我判断的意志了"啦,"想表现自己,但是怎么也不能自由自在地表现出来"等等)都是由于可说是来自未来的强迫、庆典前性质的、预见未来等等的时间构造。

而且时间构造上的"庆典前"和"庆典后"这两种模式,不仅仅适用于精神疾病的分类,可以说普遍的人类生存的状态也存在着这两种模式。"庆典前"的模式表现为,作为人类的追求独创性的倾向、对自主性的希求、革新的思想、对先验性非现实性事物的亲和性、志向远大等等的形式。与此相对,"庆典后"的模式则表现为,追求与周围同步的倾向、克制自我主张的态度、保守的思想、对世俗性现实性事物的亲和性、目光短浅等等形式(当然在现实中,这两种模式在单独个人的内部是以各种形式混杂在一起的)。

时间构造的这两种模式,进一步而言也适用于"社会改造"和"社会复兴"这两条社会改革的道路。根据中井久夫氏《作为伦理再建的勤奋与钻研》的研究,所谓"社会改造"不是指眼前具体的事物,而是"以强烈的现实感,更切身地去感受最细微的迹象、最具现实性的将来的可能性,并对此怀着恐惧与憧憬"。而相对来说"社会复兴"则是"从身边的具体的事物出发",逐步地"扩大适用范围",以"重建也就是复兴"为目标。这里所说的"社会改造"模式(庆典前模式)和"社会复兴"模式(庆典后模式),如果按照基督教中指导者的模式来看,那就是各对应为"预言者"模式和"牧师"模式。

庆典虽然是代表性的例子,但是当含有深刻意义和较强重点的文化节奏在起作用的时候,时间的流经绝不是等质的,所以时间的非等质性和伸缩性对人们来说,并不是那么难懂的。也正因为如此,在童话故事和神话故事中(比如浦岛太郎和孙悟空之类的故事),地点不同了,时间的进度也就会有几十倍乃至几百倍的不同。这些并没有被看作是荒诞无稽的故事,而是作为具有真实感的故事广泛地为人们所接受。

十、周游世界——深化知识

　　旅行之所以有意思，那是因为我们在所到之处会遇见想象不到的事物，有时候会产生与当初出发之前预想的完全不同的兴趣，有的时候或会涉足并深入到了一个极为不同的地方。因此，如果事先的计划过于细致，就会让人不能够进行预定之外的自由行动了，或者无暇东张西望，惟有按照预定行事，这样的话旅行的魅力也就减去了一半。这倒并不是说无论碰到什么东西都要嘀溜着眼睛去张望就是好，而是说对于在旅途中自然而然见到的事物不要视而不见。如果当你被出现在眼前的事物强烈地吸引住了，那就不要害怕，要深入进去。

　　可能也有人认为事物自然而然出现在眼前之类的状况，与积极的、有意识看到的事物相比，是一种被动的、消极的态度。然而，实际上有意识地去观看事物反而只能从想要看这个角度，单一地去看待事物了。更进一步说的话，这种时候所能看到的只是被理智地对象化了的单一事物。而所谓自然而然展现在眼前的事物则不同，它是指当我们敞开心扉去与自然及外界（包括人和所发生的事情）进行接触的时候，也就是随着视觉的运行，有效地运用五官的所有部分，整合成一种共同感觉来接触的时候，事物自然而然就会以丰富的多元化的形式映入我们的眼帘。

　　这个时候，其实我们的身体和精神绝不是单方面的处于被动状态，而是已经通过想象力（这被认为是与自古以来的共同感觉相呼应的）的作用在对自然和外界进行探访了。随着我们的身体和精神与自然及外界进行这样的感觉交流和对话，事物有了丰富的多义性，自然而然地就展现在我们的眼前了。这不是有意识地强迫自己去观察事物，而是事物自然而然展现在眼前，如果不是以这种形式去进行接触，事物就不会以丰富的多元化的形式展现姿态。这种情况并不是仅就现实的旅行而言，对"求知的旅行"或者"探索知识"而言，也可以说完全相同。

在"探索知识"的过程中，不少人好不容易观察了很多东西，读了很多书籍，但是因为被僵硬的见解和概念性的观点束缚住了，于是把观察对象原有的丰富多彩的探讨性搞得贫乏呆板了。当人们以僵硬的见解、概念性的观点去接触对象的时候，对象既表现不出丰富的多义性，又不可能作为问题活跃起来引人注目。这样，对象也只不过是被当作剥制的标本被贴上标签分类而已。在研究的名义之下，以及在科学的名义下，这种状况已经司空见惯了。正是这个原因，"探索知识"才被人们觉得是多么的枯燥无味。

在探索知识的过程中，不是单单观察很多东西，阅读很多书籍就行的，而是关系到如何观察、如何读书、如何就对象进行读解（包括知觉）的问题。因此接下来在这里，探索知识的理想形式本身将作为一个问题引起广泛的探讨。近年来"现象学"、"符号学"和"文本解读理论"之所以越来越受到重视，其原因也就在此。"现象学"排除了僵硬的见解，排除了受到一定的价值判断束缚的观点，力求去接近事态本身；"符号学"将所有事物和事情作为一种符号，致力于读解符号所表示的意义作用；而"文本解读理论"则把一切言论当作多元化的事物来理解，不仅重视言论的概念性意思，而且还重视符号表现。

然而，即使是以上这些方法和理论，也并没有得到充分娴熟的运用，在弄清对象所包含的丰富的多元化方面也没有起到作用，绝大多数情况只是停留在为了方法的方法、为了理论的理论上。为什么会这样呢？想必这是因为还没有从错误的视觉立场、概念的立场中自由地解脱出来,是因为还没有完成脱胎换骨吧。又或者是因为还没有掌握如何与自然而然展现在眼前的这类对象进行接触的方法吧。自然而然展现在眼前这样的理想状态,可以通过平时的训练来掌握,但这在碰到某种偶然或者机遇的时候才会发挥作用。

有一个很好的例子。西方经济史专家阿部谨也[1]氏就是在不显眼的基础研究中偶尔发现了"哈默林的花衣吹笛人"这个主题的。一直以来,他专心致志地从事着分析中世纪末古文书的研究。在1971年5月的某一天,阿部氏当时正在德国哥廷根市州立文献馆的一室中埋头分析着14、15世纪的文献资料。这项工作已经进行了有一年半了。阿部氏在这项研究工作中主要是对面向波罗的海的东普鲁士某个区域的文献资料进行彻底的调查和分析。这天他正对某一个村落进行系统性的查阅,偶然地看到了"哈默林的花衣吹笛人"这个题目。

阿部氏回想起当时的情形叙述到:

> 正在查阅库尔肯村子这一项的我随意地翻阅着最近有关这村子的研究资料。这时"捕鼠者"一词进入了我的视线。……是说有一个男人恳求磨房的主人让他住下并在那里干活,但是由于遭到了冷遇,就把许多老鼠弄进了这小屋子里。磨房的主人没办法只好向他认错,于是男人在附近一个冰冻的湖中打了一个洞,把老鼠引到洞里溺死了。读到这里就已经让我感到脊梁骨像是过了电一样。

阿部氏对于最初引出"哈默林的花衣吹笛人"这个主题的暗示,用了"感到脊梁骨像是过了电一样"的身体感觉的表现。

不过,我们还是继续来看一下阿部氏对当时的描述吧。

> "哈默林的花衣吹笛人"。这不是几十年前当我还是小学

---

① 阿部谨也(1936—2006),历史学家,曾任日本一桥大学校长,专门研究中世纪德国历史。

生的时候,在我家里的那个穿着花斑衣服童话故事里的男人
么？回想起来,那个故事如果只是作为童话,那是十分生动而
独特的,要是作为事实,则很有丰富幻想的诗和现实交错在一
起的色彩。……据说在这个故事里面隐藏着某种秘密,可我
糊里糊涂地到现在也没有发觉。看来和我现在研究的中世纪
东德殖民运动有密切的关系。我一动不动地站在文献馆的一
室中,不由自主地沉浸在了想象的世界里。……从这天开始,
可以说我被这个传说迷惑住了。

早在 17 世纪末,哲学家戈特弗里德·威廉·莱布尼茨①就已经指
出:"在这传说中隐藏着某种真实。"不仅如此,他还对这传说产生极大
的兴趣,甚至亲自进行了调查。这事情阿部氏也是知道的。莱布尼茨
在调查中发现一个历史事实,就是 1284 年 6 月 26 日在哈默林居住的
城市有 130 个儿童失踪。这更加激起了他的兴奋。但这种兴奋不是因
为以成人的眼光去解释这个传说而感到的乐趣,也不是出于对揭开这
些儿童失踪之谜的期望,而是因为"在 130 个天真无邪的儿童失踪了这
一异常事件的背后所隐藏的、生活在当时罗马社会的庶民阶层的实际
状况引起了我的强烈关心"。

莱布尼茨的这个发现成了《哈默林的花衣吹笛人——传说及其世
界》(平凡社)这部著述诞生的契机,打破了我国西方经济史学界的闭塞
现状。"探索知识"之所以在这里取得了成功,那是因为阿部氏最初与
主题偶然相遇时所采取的态度正确吧。也是因为阿部氏对于乍一眼看
上去似乎与自己的专业研究无关的"捕鼠者"即"吹笛人"的传说持有一
种开放的心态,用一种让事物自然而然地展现在眼前的方式去对待吧。
而且,站在我们的立场上来看更让我们感兴趣的是,这个"吹笛人"的故

①   戈特弗里德·威廉·莱布尼茨(Gottfried Wilhelm Leibniz,1646—1716),德
国哲学家、数学家。涉及的领域及法学、力学、光学、语言学等 40 多个范畴,被誉为"17
世纪的亚里士多德"。

事确实是与吹着笛子四处周游的旅行者有关。故事把旅行、身体性、宇宙性和象征主义结合在了一起。这对于打破恶劣的专业封闭性的外壳而言,实在是最合适不过的主题了。

但是,我们在"求知的旅行"或者"探索知识"的过程中,虽然没有以僵化的观点,而是持一种开放的心态去接触对象和问题,但也还是存在着很多各种形式的杂乱无章的问题。确实,在社会上有那么一些人好像总喜欢随着自己旺盛的知识好奇心行事,热衷于收集一些支离破碎的知识,但是不能因为他们收集到的知识是支离破碎的,所以就简单地断定它是无意义或者杂乱无章的。原因之一,正如一句名言所说的"上帝就存在于琐碎事情中"(阿比·瓦尔堡①)那样,在支离破碎的知识和琐碎事情中也可能蕴藏着真理。另外还有一个原因就是,乍一看似乎是杂乱无章的一堆支离破碎的知识,有时候其中也可能存在大有意义的秩序。

虽然这么说,但实际上在同样是采取了零碎的知识收集形式收集而来的知识中,有的知识有着严谨的有意义的秩序和构造,而有的知识的秩序和构造却十分薄弱。为什么会有这样的差别呢? 我认为其中主要原因是在于探索和收集知识和信息的人所具有的内在世界有多生动活泼了吧。也可以说这就是我们人类每一个人(身体与精神的存在)所具有的世界观的实际状况。为什么呢? 因为无论什么人都要按照自己内在世界的构造和布置(就是世界观)去理解和排列围绕自己的世界,使其井然有序。

这种内在世界的构造和布置当然既不是固定不变的,也不是与生俱来的。这只有通过面对世界,接触自然,与其他人相互交流,以及通过人们各自实际存在的求知经验的积累才能够获得和形成的。这里所说的"实际存在的求知经验"就是指作为身体和精神存在的个人完整人

————————

① 阿比·瓦尔堡(Aby Warburg, 1866—1929),德国美术史、文化史学家,图像学的创始人。

性的经验,并非是什么故作高深的理想状态。还不止这些,如果要想获得敞开心扉的完整人性的经验,那就甚至必须把微笑和娱乐性也作为积极性的要素包括在内。

然而,通过经验来形成自己的内在世界,以前曾经是被称之为"教养小说"的主题。而在旅行环游中(看来也不需要举出有代表性的教养小说歌德的《威廉·梅斯特》了)有不少和教养小说相通的地方。不过从我们的观点来看,为了更好地创作教养小说,那就不能是一本正经的教养主义的作品。关于这一点,最近我倒是遇到了一种具有娱乐性的非常有意思的教养小说。

那就是工藤幸雄①氏首次从法语原版翻译过来的扬·波托斯基②的奇书《萨拉哥萨手稿》(国书刊行会)。作者波托斯基出身于波兰的一个大贵族家庭,从 18 世纪后半到 19 世纪初,其人生跨越了世纪。他的兴趣十分广泛,学习过民族学、考古学、地理学、历史学等等,这部《萨拉哥萨手稿》是其精心创作的(特别在这一点上有着很多的娱乐性)冒险、环游故事。故事里面接连不断地出现幽灵、白骨、吸血鬼、恶魔附身、山贼、妖艳的伊斯兰教徒姊妹、秘密的地下王国等等。这部作品被茨维坦·托多罗夫③称为"幻想文学的经典"而闻名。但是,更贴切地说,应该说这才是具有迷宫式娱乐性的教养小说吧。

波托斯基的这部《萨拉哥萨手稿》,最初是法国军队中的一位士官在拿破仑麾下越过比利牛斯山脉参加了西班牙萨拉哥萨包围战,当时他在一所房子里发现了散乱的西班牙文手稿,后来被翻译成法语展现在了读者面前。故事本身的主人公年轻的瓦隆虽然是一位比利时小贵族,但也是名门出身。瓦隆为了成为父亲曾经担任过的西班牙菲力普

---

①　工藤幸雄(1925—2008),出生于中国大连,波兰文学的翻译家、诗人,主要作品有《华沙七年》《华沙物语》和《波兰团结工会的挑战》等。

②　扬·波托斯基(Jan Potocki,1761—1812),波兰作家。

③　茨维坦·托多罗夫(Tzvetan Todorov,1936—),当代文学理论家,是法国籍保加利亚人,现为法国国家科研中心研究员、艺术与语言研究中心主任。

五世近卫队的队长,从佛兰德地区由海路来到直布罗陀附近西班牙的卡迪斯,之后他又准备从安度加穿过莫雷纳山脉区马德里。故事的开头是,年轻的瓦隆在莫雷纳的登山口没有听从安度加一家旅店主人的劝告,而且同行的人也走散了,要单身一人进入魑魅魍魉出没的莫雷纳山脉。主人公瓦隆在冒险环游的所到之处遇到了各种各样的恐怖事件、不可思议的事情以及妖魔鬼怪的诱惑等等,他一边与之进行斗争一边继续着旅程。比如,他进入深山老林来到了一个叫做"兄弟谷"的地方,据说是因为曾经有一对强盗兄弟被官府逮捕后处死了,他们的尸骨被丢弃在那里,于是就被叫做"兄弟谷"。在稍离"兄弟谷"一段距离的地方有一家无人客栈,那是因为这里的店主害怕幽灵出现而逃走了。瓦隆见天色已晚,又没有其他可留宿的地方,所以壮起胆在那里住下了。到了深更半夜,时钟敲了十二下,突然出现了一位黑人女佣,把他带到了一个光彩耀眼的大厅,一对妖艳美丽的伊斯兰教徒姊妹等正等在那里,殷勤地招待他。这天夜里,他应该是在豪华的床上睡在这对姊妹的中间的。然而到了第二天早上睁开眼睛一看,他竟然睡在露天地里,躺在了"兄弟谷"两名强盗的尸骸之间。

根据上述情况,那么这对姊妹是不是恶魔派来的手下呢?但也未必可以如此断言。为什么呢?因为她们告诉瓦隆的有关两个人的身世(据说与瓦隆家族也有那么一点关系)以及她们家族的情况十分详尽,非常合理,不容怀疑。而且在这《萨拉哥萨手稿》中,一些被认为是同一件事情的场景,有着好几个不同的证词,很难识别哪个证词正确,哪个不正确。

因此,这《萨拉哥萨手稿》的文本,其叙述结构带有很大的迷宫性质(而且,瓦隆好像在莫雷纳山脉中绕了很多圈子),究竟哪一部分可信哪一部分不可信,可信的话又能够相信到何种程度,很多时候读者是越读越不明白。但是,它作为一个故事并没有因此而变得相互矛盾或支离破碎。就算是乍一看人们的证词以及事件的外表好像是相互矛盾不相符合的,但其实这些情节只是由于认识上的不同看上去矛盾而已,从整体上来看,这些内容则是有秩序分层次的。也就是说,在众多的情况和事件中,也有的是为了让瓦隆得到锻炼而事先编排好的演戏,每当遇到新的情况和事件,他都会从中经受考验,每一次都要被扔进迷宫里。但他还是毫不畏惧地继续进行冒险,通过应付一个个的考验,不断加深对世界的认识。

* * * * *

那么,下面我就把接力棒交给不是扬·波托斯基的而是山口昌男氏的手记了。他的手记《探索知识的冒险》备受读者的欢迎。

第二部

探索知识的冒险

山口昌男

一、旅途之始

（一）

关于旅行，到目前为止已经有无数的文章论述过了。我最喜欢的文章之一就是同时代最杰出的日本诗人谷川俊太郎①氏写的散文《昨日今日等》(晶文社)。其中有这样一段描写：

> 行走在最初的旅途上，即便走过了目的地，也还是想要继续往前走。当发现了一个洞穴，虽然别无目的但也想钻进去看一看。到了陌生的街头就想拐过去看看，遇见一所废弃的屋子便想走进去瞧瞧。
>
> ……无论怎样地受到理智的安排，所谓探险就是从光明中探索黑暗。虽然在理性的名义下，不断将未知的神秘暴露

---

① 谷川俊太郎(1931—)，诗人、翻译家、剧作家。出版有《二十亿光年的孤独》、《62首十四行诗》、《关于爱》、《谷川俊太郎诗集》、《旅》、《定义》、《俯首青年》、《凝望天空的蓝》、《忧郁顺流而下》、《天天的地图》、《不谙世故》等60余部诗集，以及理论专著《以语言为中心》、随笔集《在诗和世界之间》、散文集《爱的思考》、《散文》和电视、电影剧本等60余部，并有译著童话集《英国古代童谣集》和诗集、传记、小说等近百部作品出版。

在了光天化日之下，但我们仍然会情不自禁贪得无厌地去探
求新的神秘。

　　……我认为，所有的探险归根到底就是探访人类灵魂黑
暗的努力。

我并不是没有发觉文章多少长了一点，但是我认为它指出了"求知
之旅"的本质，所以引用在此。谷川俊太郎氏的这段文字中有两点引起
了我的兴趣。其一，文中论述了原本是悠然漫步的旅行在心血来潮随
心所欲的好奇心的作用下，是如何转变为求知之旅的。读到这一部分，
我想起了在西非采集到的相关神话中的那位骗术师"野兔"。据说那野
兔不愿一直呆在城里而跑到天涯海角四处周游。话说他为了给国王的
马割草料，离开城里来到外面，可是他好奇心极强，一下就把本来的任
务给忘记了，上了岔道，走进了路边一所废弃的屋子。最后的结果是，
野兔带回了大家以前从不知道的新鲜事物，给那里人们的生活增添了
活力。谷川氏所说的这种行走在"最初的旅途"的行为也并不是仅限于
求知的旅行，还包括在语言未曾涉足的地方和理智的感受性尚未触及
的部分旅行，从这个意义上来讲就是一种写诗的行为。

这里所引用的谷川氏这段文字之所以引起我的兴趣，其另一个因
素就在于他断言探索＝旅行就是"从光明中探索黑暗""探访人类灵魂
黑暗的努力"。

旅行的确包含了一种动机，就是要离开被日常瓜分完了的空间到
外面去。那么去何处呢？旅行有两种期待，一种是奔赴"看得见的彼
岸"，一种是进入"精神的深渊"。"看得见的彼岸"与"精神的深渊"这两
根轴，乍一看似乎互不相交，但其实这两根轴相互不断地在交叉着。

确实，一个人最初的身份认同是通过属于某个特定的时间和空间
得到的。社会学和人类学的研究作为身份认同的出发点所表示出来的
人的生活条件，比如时代、文化、血缘、地缘、名字、学历等等，都是把一
个人暂且维系到某个时间和空间的装置，这些道理今天我们自然无需
再提了吧。

但是人终究不是一种受到固定空间约束的存在。想要置身于不同的现实中去检验自己极限的欲望和想要营造一个安定生活的欲望一样强烈。于是人就会走出界限,跳出共同体的束缚,打破成规戒律来到别样世界。这样的人在犹太教传统的共同体中被称之为"异教徒"。艾萨克·多伊彻①就是这样一个自己斩断了和这个共同体的关系,主动成了"异教徒"的人。他在《非犹太的犹太人》(铃木一郎译,岩波新书)一书中对自己成为"异教徒"的缘由是这样讲述的:

> 小时候,我遇到了 Midrash(拉比犹太教的注解)中的一
> 个趣闻。其中有一个场面的描写深深烙印在我的心里。这是
> 关于犹太教士拉比迈尔(公元二世纪的拉比,留下了很多寓
> 言)的故事。拉比迈尔是位大圣人,是哲学家,是以摩西律法
> 为中心的正统派犹太教的柱石,是 Mishnaic(构成《塔木德经》
> 第一部的犹太口传律法)的作者之一。他跟从被称为异教徒
> 叫作伊利亚撒·本(生活于公元 100 年左右)的人学习神学。
> 在某一个安息日,拉比迈尔和老师伊利亚撒照例进行着深奥
> 的讨论。老师因为是异教徒所以骑着毛驴,但是规定安息日
> 是不能够骑毛驴的,所以拉比迈尔与老师并肩走着,热心地倾
> 听着从这位异教徒口中讲出来的充满智慧的话语。为此他和
> 老师伊利亚撒都没有察觉到两人已经来到了规定在安息日犹
> 太人不该越境的一个村落的边界处。这位伟大的异教徒回头
> 看了看信仰正统犹太教的弟子说:"你看,我们来到了边界,必
> 须在此告别了。你不能再跟着我了,请回去吧。"于是拉比迈
> 尔回到了犹太人村子,而这位异教徒老师越过犹太人村子的
> 边界赶着驴子继续前行。

少年时代的艾萨克·多伊彻似乎是对那两个人成鲜明对比的形象

---

① 艾萨克·多伊彻(Isaac Deutscher,1907—1967),波兰社会主义作家。他既是马克思主义者,又是历史学家,著有《斯大林政治传记》、《托洛茨基传》等。

留下了深刻印象。从这被称为正统派犹太教"引领之光"的人物拉比迈尔与异教徒伊利亚撒的关系中，停滞不前的人与继续前行的人，两种不同的姿态跃然眼前栩栩如生。大概在"求知"的旅行中，停滞不前者与继续前行者之间，尽管在形式上与故事中的描述有所不同，但我认为还是能够找到共同之处和问题点的。

在近代日本，岛崎藤村①的作品中有这样一句名言"来自不知名的远方岛屿……"，吟诵的是对未曾见过的南海某地所怀的乡愁。还有，在普通大众的层次来说，有一首叫作"国境之城"的歌。那是为了怀念消失在桦太国境对岸的冈田嘉子和杉本良吉②所作的，歌词唱到："当雪橇的铃声寂寞地响起，白雪皑皑的原野哟，城镇的灯光哟，在山冈的那边，异国他乡的星星像冰凌一样凝结在国境。"这首歌是1953到1955年的日本流行歌曲，距离现在并不遥远，当时的日本正处于经济不景气并受到咄咄逼人的军国主义的威胁。我就是在这种年代之前悄然出生的。那么，我又是怎样开始"最初的旅行"的呢？

（二）

我出生在北海道东北地区的一个小镇上，并在那里成长。作为旅行的最初记忆是和网走市紧紧联系在一起的。这首次旅行的经历，就是乘坐汽车一路颠簸来到了网走市这座比自己生长的小镇稍稍大一点

---

①　岛崎藤村(1872—1943)，诗人、小说家，日本近代诗的奠基者。诗集有《一叶舟》、《夏草》、《落梅集》等。小说有《破戒》、《春》、《家》等。

②　冈田嘉子(1902—1992)，电影演员。1936年，因军国主义甚嚣尘上，嘉子深感苦闷，这时她遇到杉本良吉(1907—1939)。杉本良吉为左翼表演艺术家，1931年加入日本共产党，1933年被捕。两人在1938年1月经北海道到桦太(即萨哈林—注)，越过国境，跑到了苏联。当时正值斯大林在国内开展肃反，两人被认为是间谍。1939年10月20日杉本作为间谍被枪毙，嘉子被送往西伯利亚劳改。1948年她被释放，成为莫斯科电台的日语播音员。1972年回到日本。

城市。那里有很多我从未听说过和看到过的东西，让我充满了期待。

网走这座城市最充满诱惑的地方究竟是哪里呢？据最近刚去世的米村喜男卫说，那就是以前经营理发店的人创建并管理着的"乡土博物馆"。这座建筑有一个拱圆形的屋顶，对于见惯了木结构平房的孩子们来说，就好像是什么别的其他东西的"标记"，总觉得像是异国他乡的什么地方。由于这家博物馆是建在山坡上的，所以有一条弯弯曲曲的坡道通往博物馆，人们可以沿着坡道拾级而上。但是假期带我去网走市的店铺的伙计们却选择了一条攀援悬崖的近道。因此年幼的我也必须从这悬崖近道攀登上去。当到了晚年，我在东印度尼西亚的布鲁岛进行调查，从高高的山顶下到谷底，再由谷底攀援而上，从一个村子移动到一个村子的时候，这一幼年时期的记忆突然又非常清晰地重新展现在我的脑海里。一想到经过了这么多年，自己还在干着同一件事情，我不由地苦笑起来。因为一个念头忽然在我脑海里闪过，这两次经历在我心中留下的印记是偶然地重叠在一起的吗？或许是我想要让儿时的原型重演才选择了人类学之类的研究领域，硬是要去再现相似的情形吧。

这座博物馆在另一个意义上也可说是一个异国他乡。博物馆内摆满了用来陈列的橱柜。陈列橱柜玻璃的反射，使得我们心荡神驰。我家是开点心铺的，店铺里也有类似的玻璃橱和玻璃柜，不过是摆放在任何时候手都可以够到的地方，所以玻璃橱柜对我并没有什么特别的吸引力。这些对我而言，只不过是维系"外"与"内"的空间象征而已。但是，要说玩具店玻璃橱窗的诱惑，那可是非常之强烈的。当然玩具店的空间有一种异国他乡的氛围，因此这对于孩子们来说，可以说是无穷无尽的怀旧源泉。细想一下，孩子手里捏着当时一分、两分的零用钱，来到玩具店充满诱惑的空间里，经过极其喜悦的迷惘之后做出妥协，割下充满着魔力的空间的一部分回家了。这种以老套的剧本为前提的戏剧性行为是旅行最为原始的形态。因此，这种经验也反映在传说故事里面，或许就像《桃太郎》的故事那样，作为一种故事性的体验广泛流传。

比如，奔赴异国他乡、也就是充满了异类的空间，征服了那里的空间，取得了象征这空间魔力的金银珊瑚之类的宝物重新返回故乡。

虽然不可能把陈列柜里的陈列物品的一部分割下来，然而博物馆的确是一个充满了异国情调的空间。因为它像一个万花筒，集中了各种阿伊努文化。如祭祀用具、农耕生产工具、狩猎工具、容器、衣服等等。这些我完全不曾见到过的种种器具就好像是通往异国他乡的路标。当然，我们也不是不知道阿伊努族人。深刻地留在我幼小时候的记忆里的一部分，就是鼻子底下刺了青的阿伊努族老婆婆来卖白桦树皮的样子。"要不要桦树皮啊？"这样子直到现在还清晰地印刻在我的视网膜里。这种身披奇装异服不时出现的"异人"也是大人们用来吓唬小孩的最好材料。"要是再不听话，就把你送给阿伊努族的老太婆了哟！"这是父母亲们常用的手段。生长在北海道的我直到考上了大学读到岛崎藤村的小说《破解》为止，一直不知道在这世上存在着受歧视民族，被强迫背上"异己分子"的标记受到歧视。推动阿伊努族文化发展的旗手们，作为一种属于与世隔绝的空间中的人群，以一种更能引起我们想象力的存在，出现在了我们眼前。所谓博物馆事实上是一本立体化的书，使我们能够阅读到很多在每天生活中接触得到但是看不见的阿伊努族人的世界。而且，博物馆的入口处旁边的笼子里还拴着一只可爱的小熊，按今天的话来说，就像是熊猫惹起人们的好奇心那样，也挑起了人们的好奇心。大人们常说，熊在小的时候，被当作是天堂来的使者很珍惜地对待的，但当长大以后将被作为祭祀的牺牲品送还到上帝的身边。还说熊被杀死了以后，会从人类世界带上很多礼物回到上帝身边去。我完全被大人的这些说明吸引住了。

博物馆让幼年的我感觉进入到了一个和属于自己的空间完全不同的时空之中，令我兴奋。这也是我作为一种远赴异国他乡的旅行体验，作为一种解读某种未知的、不同性质的东西的行为，开始与书本交往。

我们在中学二年级的时候正值日本战败，我所居住的城市的北面高地在战败之前是海军航空基地，而当时则由美军进驻了。那时候美国驻军因打杂的人手不够用，便命令街道的町内会①提供劳动力。我完全是受好奇心的驱使，谎报年龄替代其他家庭的份额也进入了基地。通过片言只语的英语进行交谈也是一种愉快的经验，而水果仓库散发出来的酸甜果香让我感到就像是原汁原味的异国文化，令我如饥似渴。其中让我对知识充满了无限向往的就是那图书馆。说是图书馆，其实里面的藏书基本都是杂志和 GI 文库。关于 GI 文库②，我想很多日本人都有着难以忘怀的回忆，主要都是将美国最畅销书未付版权就再版的文库书，封面用的是原版书的照片。一到休息时间，我征得了同意就进入图书馆，如饥似渴地读着书。美军基地对我来说充满了魔力。

在经历了这种强烈的异国他乡的体验之后不久，我毅然做出一个决定，就是走出镇子到外面去买书。这外出买书的小小旅行不是我想出来的，是同一间中学比我高一年级的 K 提出来的。他是一家海产批发商的少爷，中学四年级的时候已经拥有相当数量的英文学书籍了。一到放假他就到东京买书去了，每次回来都带回很多我从没见过的战前出版的书，实在令我们羡慕极了。

这一次我也下定决心，想就算是去不了东京，也要到北海道内的札幌去买旧书。于是死乞白赖地央求父母亲把零用钱一次性给了我，就踏上了旅途。那时候的札幌，人们如饥似渴地买书藏书的时期已经过了，旧书店里摆满了各种各样的读物，煞是热闹。当时的狸小路还有好多家旧书店呢，我像是着了迷似的，在这些旧书店里进进出出。当我在其中一家旧书店购买了好些书之后刚走出店门，一位流里流气的哥们儿挡住了我的去路，指着我的包裹说："这是偷来的吧，我是警察。跟我到那边胡同里来一下！"我说要是你这样怀疑的话那就回书店好了。他一听就把大衣敞开了，里面上半身确实穿着警服。我希望引起周围行人的注意，所以向周围四处张望，可是人们都是一副"少管闲事免惹麻

---

① 类似中国的街道居委会。
② 美军陆军出版物，有小说、科普读物及历史书等。

烦"的样子从我身边走了过去。因为我心里很清楚，要是跟他去了胡同，那钱就会被他抢了去的，所以我也顽强地坚持不走，最终躲过了一劫。这是我第一次在旅行中体验到的黑暗面。

（三）

虽说有过如此这般的经历，但我并未成为一个有藏书癖好的人。所以我选择了文化人类学这样的领域，就算是在非洲和印度尼西亚那样完全读不到书的环境里呆了一两年，也没有到因为读不到书而要发狂的地步。但是我也的的确确曾在很多人不怎么会去的地方搜寻过书籍。比如，在非洲东部内罗毕的一个意想不到的地方我找到了一些旧书。那里多数是印度人经营的旧货店。表面看上去是一家普通的店铺，往铺子的最里面走进去，差不多都摆着旧书。大都是英文书，看样子是肯尼亚独立的时候英国人把它变卖掉的。有的书是圣诞节的礼物，里面甚至还有签名。我那本很老版本的《雷摩大叔》就是在那样的旧货店里面找到的。还有在另一家店里，几乎是白送，只付了一点儿钱就买到了《都柏林》等有关爱尔兰的书。

同样的经历我曾在以前的文章中也写过，那就是在印度尼西亚的日惹的体验。我已经忘了那条马路的名字了，那是在日惹，大街上摆了很多点着电石灯的旧书摊。书摊一个挨着一个，我一边翻看着书一边用口齿不清的印尼语和他们开玩笑，也挺乐在其中。现在赶庙会时小摊上的那种电石灯气味虽然已经从我的记忆里渐渐淡忘远去，但在旅途中，在那样的旧书摊上我却意外地发现了荷兰语版的人类学研究的古书，并且以令人难以相信的低廉价格买了下来，那种喜悦的感觉实在是难以言表。

我收集书本的范围就是从这种边缘地带开始的。在巴黎时我找到了有关杂技方面的古书，在伦敦、牛津、约克、爱丁堡等英国城市，还有洛杉矶、波士顿、纽约，甚至在南欧、东欧以及南美……要一处一处地介绍起来恐怕就没完没了了。但是，遇到合心意的东西，至少对我个人而言是人生最为兴奋的瞬间，所以很想给大家介绍一二。

其一：意大利米兰的拉芬兹书店。这家书店的本部在法国，在世界旧书店协会的名册上也有登记。有一次，我手里拿着这本名册，在巴黎市内对与戏剧和演艺有关的旧书店，进行了挨家挨户的实地调查，令我吃惊的是许多店铺都消失了。有的店是因为旧书日渐少了而感到沮丧因此隐退了，有的店因为后继无人而关闭了，都有各种各样的理由，令人感到旧书店的黄金时代正在悄然消逝。

这家拉芬兹书店主要以有关戏剧的旧书为重点，位于某座大楼的背面，当然并没有明显标志，所以要去的话必须事先预约。我没有预约，根据名册中写的地址就找去了，正在那里转来转去时，有位好心人告诉我那家书店的门是在穿过院子的背后。我来到书店门口小心翼翼地按了下门铃，于是出现了一位老年妇女。我告诉她说是来找有关戏剧的旧书的，她立刻招呼我进去，带我来到堆满了旧书的三间房间中最里面的一间，把我介绍给在那里的店主。店主知道我只会说几句片言只语的意大利语，而法语还不错，于是就用法语对我说，书架上的书可以随便看，如果看到感兴趣的书就堆放在旁边的桌子上，从顶头堆起好了。我就像走进了藏宝的山洞一样兴奋，开始逐个房间地浏览起来，有时候还用梯子，两只眼睛睁得大大地挑选着书。在宽敞安静的空间里只有两三个人。两个小时左右令人心旷神怡的时间过去了，看着堆积了有近两米高的书我开始和店主讲价。每一本书都没有标价。我找出来的书基本都是关于喜剧或杂技的。店主一本一本地拿着书估价说："这本这个价你看怎么样？""这本有点脏了就给你便宜一点吧。"甚至还走到某个书架前取出书对我说："要是对这方面感兴趣的话，你看这一本怎么样？"就这样，两人的对话一直进行到四周完全笼罩在暮色之中。当我得到了最后的报价，就对店主说过两天就把钱送过来。在如此奢华的知识空间进行的极为充实的交流，让我怀有一种深深的满足感。

我告别了老夫妇俩离开书店。后来,听意大利戏剧研究学者田之仓稔说,1972 年我去过的这家拉芬兹书店,自那以后两年左右因店主去世,书店也就关闭了。我想,第一次世界大战以后到访过西欧城市的每一个人,谁都曾领略过的那种氛围,如今变得越来越珍贵了。这是因为维持那种氛围的条件越发稀少的缘故吧。

其二:关于这家旧书店,我已经写过一次了,在这里虽然是重复,但是作为与书本相遇的地方,书店则是不可或缺的场所,所以请恕我再啰嗦一遍。在巴黎第七区的学院大道西头前面一点的地方有一条左拐的小路。1971 年的某一天,我无所事事地正在那里闲逛,突然眼前出现了一排五光十色的陈列橱窗。如果说玻璃橱窗是一种为了把人引诱到另一个境地的商业性布置,那么从 19 世纪到 20 世纪充斥了画册和插图读物的空间一直闪耀着令人眼花缭乱的光辉。那书店门上挂着一点到五点休息的牌子,当时还只有三点。于是我就到对面一家咖啡店一边喝咖啡一边等五点钟开门。可我等不及那位老妇人开门就走进了这家叫做“美丽印象”的书店。店铺是大约五、六米见方的狭小空间。一位裹着旧大衣的老妇女正埋头看着书。我跟她说自己正在找有关杂耍的书,妇女便指着里面角落的玻璃书橱说:在那里面有一些的。确实在那书橱里塞满了 19 世纪到 20 世纪带有插图的有关杂耍、庙会的书。我浏览了一遍店里的书之后,一边结账一边开始和老妇女交谈。我说:“这里真是很有吸引力的空间啊。”妇女说:“人一旦来过这个空间,就再也逃不出它的魔力了。”我问:“这里为什么有关杂耍的书这么多呀?”妇女回答道:“我也不是特意去收集有关杂耍的书的,主要是想收集带有漂亮插图的书籍,所以就有了那些书。”

之后我就常常去这家书店,每次去巴黎也都一定会再拐去那里。还记得,当我和老妇女交谈得很融洽了,有的时候她会纠正我的发音,有的时候还会送给我她收藏的有尼斯狂欢节画面的明信片,还有的时候会问我能不能告诉她有关阿伊努族人熊祭的基本资料,因为有一位客人很想了解,等等,使得我们之间轻松愉快的交流范围越来越大了。

　　物质的交换中存在着经济学家不太接受的交流层次，我就是在这样的书＝求知（书呆子）的空间里懂得了正是围绕这种交流的戏剧性行为构成了人类生活的重要部分。

二、旅行风格

（一）

　　旅行的时候，有的人要决定好目的地以后，再制定一个详尽的计划，事先预订好旅馆，做好预算然后才出发。而有的人则是没有一定的目的地，当然也不在乎什么计划不计划，旅馆预约等全都没有，预算也不做就出发了。要说这是因为性格或类型不同那我也就无话可说了，但其中似乎还是存在着风格不同的因素。或许可以还原为喜欢耿直而严谨风格的人与喜欢随意、散漫和在路上闲逛的人之间的不同。这样一想，可以说旅行也是人生的一种缩影，因此谈论旅行也就像是在谈论人生一样，也有两种不同的风格。有的人为自己的人生预先制定好了一个计划，有的人的生活则很享受在路上闲逛。特别是关于后者有这么一个传说，就是丰后地区的一个叫做《吉四六话》的寓言故事（一般为日本人熟知的名字是《三年寝太郎》），可以说是日本版的骗术师野兔。吉四六不像其他人那样朝着一个目标进行努力，在三年里完全无所事事，游手好闲地过日子。但是，过了三年他一下子变得喜欢思考起来并努力地去实现目标，而且还把意想不到的新的因素运用到了生活中。吉四六在人们认为他是在荒废时日的那段日子里，或许是没有按照定型化了的频道行事，而是一直在进行思考，想出了一种与众不同并行之有效的方法。不过这也是因人而异的，有的人在进行着重复操作的同时，也会去思考各种各样的问题。因此，这或许只能说行动和思考之间的关系完全是因人而异的。不过，吉四六的故事至少说明了文化也包括被认为是与人们普遍认同的风格相反的部分。

至于我个人的旅行风格，要说是住无定所的话，或许也确实可以说是采用了这种形式。很多的时候，只要不涉及到生命危险，我就会顺其自然地踏上旅途。这次旅行（1980 年 11 月到 1981 年 1 月）也是从出发的时候开始就很不顺利。先是在机场大楼，他们说我的签证有问题，因而延期了三天才出发，本该在纽约大学作讲座的，只好推迟一周进行，于是经由加拿大的温哥华去了伦敦大学。在伦敦大学正好遇上他们召开由法国研究科举办的有关戏剧的国际研讨会，我也就搭顺风车参加了这次研讨会。幸运的是在那里意外地能有机会与研究表现主义大师布莱希特①的法国学者贝利尔，以及在塞缪尔·贝克特②研究方面很著名的拉比女士进行了种种交流。我想这不就是随意风格的一种表现么？就这样，我的旅程从出发开始就没有按照预计的进行，也没有打算过要回到原来的日程上来。

关于旅行的两种风格，以另一种形式来表现的话，似乎可以还原为剧本和即兴这两种表演类型。按照剧本上写好的行程去旅行不会带有危险性。在事先制定好的行程中，因偶发性引起的危险性已经被小心谨慎地排除了。就算其中编排了各种各样的冒险，那也是限定在可能解决的范围之内。剧本的内容只限定在剧本能够处理的现实之内。特别是剧本的布景和道具被限定在身体与精神通过演技形式能够表现的

---

①　贝尔托·布莱希特（Bertlt Brecht，1898—1956），德国剧作家、戏剧理论家、导演、诗人。主要戏剧理论著作有《梅辛考夫》等。代表性剧作有《勇气妈妈》、《四川好人》、《高加索灰阑记》、《伽利略传》等等。

②　塞缪尔·贝克特（Samuel Beckett，1906—1989），爱尔兰、法国作家，荒诞派戏剧的代表人物。创作的领域包括戏剧、小说和诗歌，尤以戏剧成就最高，1969 年获诺贝尔文学奖。

范围之内。

相对而言,基于即兴的旅行是根据新出现的因素和情况来修正日程,有时候还可能远离轨道而去。因此变化幅度会越来越大,从而遇到危险的概率也就越大。在某种意义上来讲,或许可以说即兴行为只是从外面看上去是即兴,其实并不是那么即兴的。因为,如果之前没有充分进行一定的训练,所谓即兴的行为也是不可能成立的。我们看一下意大利喜剧的例子应该就会明白了。意大利喜剧本来是来自即兴的滑稽戏,没有剧本,每次上演的时候,领班的都会向观众交代说:"今天的演出是这样进行的。"粗略地把剧情介绍一下。于是演员们在舞台上根据现场情况接连不断地拿出各自看家的逗笑本事,随机应变地展现自己的演技。因此虽然说是即兴,但也不是什么无中生有。相反,是通过训练掌握和积累了那些能够应对很多场面的逗笑节目。这样一来,由两位意大利喜剧演员进行的表演应该是像娱乐游戏那样的节目。针对一个情景或场面,一位演员从好几个笑料中选出一个进行提问,然后另一位再从好几个笑料中选出一个来进行回答。

但是笑料再多也是有限的,所以如果不是经常添加新的备用噱头进去,那就会陷于千篇一律的老套。据说,到了18世纪意大利喜剧之所以走向衰退,就是因为一成不变的老一套。

不管怎样,剧本和即兴的对比,对于生活中的演技、旅行活动、思考方式等形形色色的领域都是有可能适用的。而且还可以说是这两个对立面决定了个人的风格吧。按照剧本演出,有时候看上去因循守旧,而即兴的演出给人以新鲜的感觉,这可能是因为前者遵循了可预测的程序,而相对来说,后者则带有不可预测的因素吧。后者,即便是使用了已经存在的定了型的内容,但因为采取了一种新的编组形式,所以就有了在一般陈规表演中不为人所知的现实,即有了更多的表现不同事物的空间。也就是说,如果说风格中包括了公众的风格、时代风格和个人风格,那么个人风格或许就是由可以容纳不同事物的容量大小来决定的。

（二）

我多次强调，要论述求知的旅行就不存在普遍性的风格。我们正处于一个不能依靠一般论及修养之类作为某种求知路标的时代。这就是我们的时代特色，我们亲眼目睹了社会形势的急剧变化。比如，刚才还处于彷徨迷茫状态的人在下一个瞬间一下子能够高瞻远瞩可以预见到很远，而一直被认为因制度上的支持而得到了可靠保障的状况，在下一个瞬间却全部化为了乌有。

因此，我在对待被看作旅行指南的读物的时候是持这样一种态度的，既不认为要遵照上面某个计划好了的行程，也不认为书上面都只是写写而已。人们必须根据各自的课题和主题来规划世界，不断地改造相关世界的模式。现在的世界已经不再是一成不变的了，不是人们只要客观地去记述它就可以再现的。我们如果不对解读世界的模式进行不断的改造，那么世界就会一下子从我们的眼前消失。因此，我在这里也不可能写出什么求知世界的旅行指南之类的东西。

我能做的就是谈谈我自己描绘的有关求知旅行的示意图，让各位了解一下这幅示意图的历时经过。历时经过如下所示：

在我上大学的时候，世界似乎被人们认为是一成不变的。一提到现实，就会被认为只是指日常生活的现实，甚至没有丝毫迹象让人们去思考现实是复数的这个问题。1951 年发生了这样一件事情。当时由于哲学这门学问在第二次世界大战中扮演了某种角色，所以完全不能引起如饥似渴的年轻人的求知欲望。哲学被认为是一种已经完成了历史任务只是在等待消失的知识形态。我想在当时之所以提出了解读世界的钥匙在于辩证法唯物论，其前提是因为在大学里主动积极地追求开拓自己知识视野的年轻人毫不怀疑地接受了这种观点。我要是能够就这样老老实实地沿着求学道路走下去的话，应该也不会出现什么问题的。然而，时代却不允许我这样，正如谷川俊太郎说的："即便走过了目的地，也还是想要继续往前走。"这是一个人好奇心过剩而造成的结果。我在初中、高中的时候很想成为一个英国文学的研究者，在大学读了一半的时候又想学法国文学专业了。但是这并没有实现，原因或许是最终我不是学习外语的材料。而且我所欠缺的是规定要学的东西无论怎么无聊都会去学的这种谦虚的态度，所以在我的记忆中几乎没有在教室里集中过精力的印象。人都有各自发挥精力的地方和对象，而我的精力可以说反而是发挥在了去书店、旧书店转悠，或者是用在了协调展览馆和音乐会的日程方面。如果说学习有教科书类型的学习和目录类型的学习两种形式的话，那我就一定是属于后者。教科书类型是一种原封不动地吸收课堂所学的东西的能力，而后者可说是有选择的学习。读书的乐趣大都是在于制作以某本书为前提的知识目录，这是我经过了长期尝试后总结出的读书方法。就是读书要顺势去琢磨书中的参考文献目录。从参考文献的目录中我们在那些不曾知晓的文献的引导下感到一种乐趣，这自不待言，而通过这些文献，一个我们未知的系统浮现了出来，当我们与之相遇所感到的惊奇更是令人耳目一新。我从马克思主义著作中所感受到的兴奋就是来自这样的渠道，但后来远离马克思主义的原因也是缘于这种兴奋的消失。1955 年前后的年轻人只要是自己求知的好奇心所关切的任何地方都会勇往直前。当时有一本书深深地影响着年轻人，那就是参加西班牙内战而倒下的英国马克思主义者克里斯托弗·考德威尔①写的《幻想与现实》。这本书认为在 18 世纪资本主义社会新兴时期，城市文明脱离农村，使得诗歌产生了新的抒情性质。书的内容本身暂且不说，但其知识背景之博大深深地吸引了我们。在当时的日本，考德威尔的书除了《二十世纪作家的没落》和《近代文化的崩溃》（均为增田义郎所译）没有其他译本。这位

---

① 克里斯托弗·考德威尔（Christopher Caudwell，1907—1937），英国马克思主义文学理论家。其著作除了《幻想与现实》，还有《二十世纪作家的没落》、《近代文化的崩溃》、《浪漫与真实》等。

英年早逝的作者只受过小学教育的事实给我们留下了非常深刻的印象。当时丸山真男①氏在一篇发表于《日本思想》中的论文里强调，马克思主义作为克服求知的瓶颈现象的手段，是一种极为有效的方法，这一观点博得人们的好感而备受欢迎。当时，我在历史学家石母田正②氏的影响下决定攻读日本史。而通过马克思主义的反映论，来说明属于社会不同层次的现象之间的关系，让我感到极为新鲜。对于不能容忍因专业上的不同而认为思想、文学、政治及经济等之间完全没有关系的现象，不能容忍分析手段瓶颈化的人而言，马克思主义的魅力就在于令其耳目一新。不过，在我来看，从历史学中接触到的马克思主义在与其他领域发生关系的时候似乎缺乏灵活性。所以，从考德威尔著作的参考文献目录中浮现出来的人类学及精神分析学等求知体系，对于当时的我，可以说的确像是一种"引领我踏上求知旅途"的存在。然而在今天，文化人类学这样的领域被认为完全是制度中早就存在的，有时候这种求知体系甚至还带有强制性的倾向。但是对于当时的我而言，那是一块求知的处女地，一心想要奔赴那里。

那时候，我虽然读的是历史学专业，但对其他各种领域也很感兴趣。我的毕业论文选择的是有关平安时代末期参与建立院政③政权的贵族学者大江匡房④的世界观之类的课题。这位贵族与后三条天皇的关系非常密切，参与了后三条、白河的院政（即一种特殊例外的政治形

---

① 丸山真男(1914—1996)，日本著名的政治思想史学者。其著作有：《日本政治思想史研究》、《现代政治的思想与行动》、《福泽谕吉与日本近代化》、《政治学中的国家概念》、《现代日本的革新思想》等。

② 石母田正(1912—1986)日本史学家，主要研究日本古代史和中世史，主要著作有：《日本古代国家论》、《中世世界的形成》、《战后历史学的思想》等。

③ 七十一代天皇后三条为了与摄关对抗而退位为上皇。上皇虽不在位，但掌握实权，此举意在摆脱当时日本朝廷由摄关把持朝政的局面。后三条让位，白河天皇登基，在位十五年后退位设院厅，控制朝政，称为"院政"。

④ 大江匡房(1041—1111)，平安时代后期的贵族、学者、歌人、诗人。历仕五代天皇，三任东宫学士，做过后三条、白河、堀河三代天皇的侍读。以白河院院厅别当之职参与院政。

态)创建,是一位官僚学者。他给后世留下了类似有职故实①那种相当于用于巩固体制中心秩序的法规著作《江记》,同时作为一个文人,他也留下了《狐媚记》、《洛中田乐记》、《游女记》等描写狂欢节庆典式空间的记叙文学。大江匡房是一位不可思议的人物,有着智慧和手腕去和富有活力的边缘文化进行接触。追溯匡房的生涯,用一个十分贴切的词(那时我还不知道这个词,是后来才知道的)来表述,那就是骗术师(trickster)的生涯。他是一位以骗术师的生存方式度过了一生的官僚和文人。可以说这位汉子一方面围绕着时代的核心生存,一方面又超越了那个时代。我觉得这样的人物参与了院政政权那样的政治形态的创建是一个非常有意思的事实。这种政治形态后来(后白河院政)所呈现出来的甚至可以说是怪诞的天皇制。现在想来或可以说,比起通过历史上平稳的古典主义形式展现出来的具有人情味的形象来,他对通过巴洛克式形态表现出来的精神面貌更感兴趣吧。

我之所以选择这个课题,是因为对产生出不规范的亚形态院政的天皇制本身感兴趣。是想摸索一下看看是否有一个可以一目了然地看清天皇制的原则性部分以及被隐藏部分的视点。当时(1954年),我在自己编辑发行的研究室杂志中发表了一篇题为《关于"到民间去"》的随笔。我在文中尝试性地提出了这样的质疑,认为必须回到民众文化的源头来认识天皇制现象,而要做到这一点,现在的社会科学的视野是不是太狭窄了呢?事实上,当时历史学所属的社会科学是马克思主义,是马克斯·韦伯②的社会学,是实证主义。用现在流行的语言来说,这些是当时具有统治地位的经典,就像是社会科学的一种套餐旅行。我虽然对于能从各种角度去学习的东西也尽量去学了,但是那一成不变的

---

① 日本将专门考证和研究古代风俗习惯的学科称为"有职故实"。1987年,讲谈社学术文库出版了由石村贞吉著,岚义人校订的《有职故实》,共上·下两册。

② 马克斯·韦伯(Max Weber,1864—1920),德国的政治经济学家和社会学家,是现代社会学和公共行政学的创始人之一。著作有:《新教伦理与资本主义精神》、《经济与社会》、《政治论文集》、《学术理论论文集》等。

单调让我有些许失望。或许这些方法能够以相当高的精确度把握到人类或文化的表层部分，但是我一直抱有一个疑问，就是这些方法将不会给我们提供探索文化隐藏部分的模式。就好像在航海中心里面怀着一个恐惧的念头，害怕一直使用着的航海图会不起作用。

但是即便如此，当时的我还是对种种的领域怀有一种像是得了分裂症那样的兴趣。其中对能狂言①的兴趣尤为强烈。我想这最主要也是对文化"狂欢节"的部分感兴趣，不过当时做梦也不曾想到过可以使用"狂欢节"这种术语。我一直觉得，在日本文学以及艺术中，能狂言在戏剧中所代表的感觉，就等于《今昔物语》这样的民间传说文学在日本文学史上所表现出来的那种感觉，而在绘画领域则就是从《伴大纳言绘词》到《鸟兽戏画》的图画所表现出来的感觉。我想这都是属于传统的东西，很难一概而论地断定为写实主义。

然而，怎么才能将从王权经知识分子到滑稽戏这样散乱的兴趣整合起来呢？这种预计能力在昭和三十年代②的我以及当时的知识世界里似乎尚未存在。用现在的话来说，就是我的兴趣已经不能够从当时既存的经典中得到满足了。当时的我是用下面的比喻来说明这种分裂症式的兴趣膨胀的。我说那就好比是姜太公用了好几根钓鱼竿在钓鱼一样。在极端的时候用五、六根钓鱼竿在垂钓，只要有上钩的感觉拉起来就行了。钓鱼竿之间的关系是，无论本人是否有意识，从场地的选择到鱼饵的安装方法，始终都还是钓鱼人"自己"进行的。

大学毕业后不久，我一边在高中做老师教日本史，一边热衷于搞戏剧。当时还没有"戏剧是一种缩小了的用于思考文化的模式"这种说法。我对能狂言的兴趣已经在上讲过了，但是如果解剖一下这种兴趣的内涵，那就是对我而言戏剧的乐趣就在于肉体离开了语言独自行走。就是说，语言在抽象的层次上有着归纳为唯一概念的倾向，相对而言，

①　能狂言是日本室町幕府时期一种兴起于民间、穿插于能剧之间表演的一种即兴简短的笑剧，是猿乐能与田乐能的派生物。
②　昭和三十年代相当于 1955—1964 年之间。

戏剧则在与肉体相互关联中，抓住了将语言的潜在意义表面化的时机。如果说词语形成了表层的语言，那么肉体则有可能形成深层的语言。

从1957年开始的五年内，我经过努力在大学院学到了社会人类学这一研究领域的半个世纪的成果。但最主要的是我师从了冈正雄、马渊东一①那样具有灵活思维的学者，所以没有受到教科书式研究体系的危害。特别是马渊东一氏的关于荷兰结构人类学的知识让学生们为之倾倒。我最初接触到克洛德·列维·斯特劳斯的结构人类学也是在马渊氏的课堂上。在日本，结构主义成为杂志特刊的标题还是十年前的事情。马渊氏一开始就让学生阅读列维·斯特劳斯的大作《亲属关系的基本结构》，在课堂上对学生进行有关结构主义的教育。

通过马渊东一氏所学到的荷兰拉丁学派的结构理论，对于我来说，就像与考德威尔式的马克思主义相遇一样，是一种令人兴奋的体验。一般说到结构理论，人们都认为列维·斯特劳斯的结构主义就是全部了，往往被看作充其量不过是在昭和四十年代流行过的一种现象而已。确实，列维·斯特劳斯是因将语言学的结构理论运用于社会科学的研究领域而闻名的。

索绪尔→俄国形式主义(Russkiy Formalizm)→结构语言学↘列维·斯
米尔·涂尔干，马塞尔·莫斯的结构论→莱顿结构人类学↗特劳斯

但是，列维·斯特劳斯的结构论还有另外一个根源，这就是埃米尔·涂尔干②和马塞尔·莫斯③的论文《分类的几种形式》。从这篇文

---

① 冈正雄(1898—1982)，日本民族学、文化人类学家，主要著作有《日本民族文化的源流与日本国家的形成》等。马渊东一(1909—1988)，日本文化人类学、民族学家，主要著作有《马渊东一著作集》三册。

② 埃米尔·涂尔干(Emile Durkheim，1858—1917)，法国社会学家，社会学的学科奠基人之一。1898年创建了法国《社会学年鉴》，围绕这一刊物形成了一批年轻社会学家的团体——法国社会学年鉴派。主要著作有：《社会分工论》、《社会学方法的规则》、《自杀论》、《宗教生活的基本形式》等。

③ 马塞尔·莫斯(Marcel Mauss，1872—1950)，法国人类学家，现代人类学理论的重要奠基者之一。主要著作有：《礼物》、《巫术的一般理论》、《人类学与社会学五讲》等。

章发表开始到 1930 年代,以荷兰莱顿大学为中心的人类学者团体已经展开了独自的结构论研究。他们的研究成果是以 Cornelius Ouwehand 的日本研究《瓢箪·鲶》(《鲶会》,宫田登他译,SERIKA 书房)的出版而公之于世的,因而在日本人们也开始能够接触到这个学派的工作了。

莱顿学派的研究对象主要以印度尼西亚为中心,还包括北美、非洲、日本。莱顿学派的对应关系分析以宇宙观为基础,还涉及到基本分类、社会构造、神话,这让我眼前一亮,并使我茅塞顿开。之前我既不满足于辩证法唯物论一味沿着上层建筑与生产关系这根轴来分析现实,又对把文化问题还原到亲属组织层次的功能主义人类学的做法抱有不满。特别是在莱顿学派的结构理论中,那位破除文化中的基本对立、带来新的综合并完成了神话里中介功能的骗术师占有极为重要的位置。

神话中这种被称为"骗术师"的主人公的概念是我在求知旅行中所遇到的重要路标之一。这种骗术师我们可以给他贴上形形色色的标签。可说成是捣蛋鬼、扰乱秩序的人、混沌使者、神话式小丑、变化多端的人、行为不可预测的人、能包容所有矛盾的人、非连续性象征等等……虽然它隐藏在人类行为中起着重要的作用,但却是一个几乎不被近代正统的思维所接纳的路标。顺便说一下,在希腊神话中,典型的骗术师赫米斯本来就是十字路口的路标,是旅行和交易的守护神。旅行和交易当然意味着交流。今天商科大学①的校徽上使用的被蛇缠绕着的锡杖就是原来赫米斯所持的物品。因此,不如说赫米斯本来就像精神分析学者诺尔曼·布朗在著作《赫米斯》所表现的那样,可以说是盗贼的守护神的同时,又是求知旅行的守护神。赫米斯在埃及的原型托托神就被认为是这样的智慧之神。法国小说家米歇尔·布托尔②在

---

① 原东京商科大学,1949 改名为一桥大学。
② 米歇尔·布托尔(Michel Butor, 1926—),法国著名小说家、诗人、文艺评论家,也是新小说派的一位重要作家和理论家。主要作品有《米兰巷》《曾几何时》、《变》《度》等。

《小猴子那样的艺术家肖像》（清水彻、松崎芳隆译，筑摩书房）中想要描写的就是这种作为谋略神＝智慧的守护神的艺术家形象。

与这样的骗术师相遇是确定我求知旅行风格的决定性因素。

三、穿越边境

　　不知是从什么时候开始,有一个疑问一直困扰着我。那就是:构成这个世界的现实果真是单一的吗? 只有眼睛看得见的部分、可视性部分才是现实的全部吗? 这其实是一个极为朴素的问题。不要以为我在开头这么写,是想要引起十分麻烦的有关认识论的讨论。因为我不是职业哲学家,所以提出这样的疑问也并非来自对古典的研究。总之其中也有时代潮流的导向,因为我的世界观可以说是在马克思主义的现实主义的影响下形成的。就算脱离了现实主义,只要还在社会科学的边缘徘徊,可视性现实的不可动摇性仍然是具有统治性的意识形态。

　　眼睛看得到的世界并不是现实的全部,这里存在着某个把它相对化的视点。要证实这一点应该有很多途径吧。1960 年前后的我是把历史世界的相对性这一观点作为线索的。当时的我为了要展开这种观点实在是太过赤手空拳了。比如,一边在阅读沙尔·巴依①的语言学和时枝诚记②的语言学,一边又在想:时代变了,那左右时代的意识也

---

　　① 沙尔·巴依(Charles Bally,1865—1947),瑞士语言学家,是由索绪尔创始的日内瓦学派第一代中最有影响的人。主要著作有:《法语风格学纲要》《语言与生活》、《普通语言学与法语语言学》等。
　　② 时枝诚记(1900—1967),日本语言学家。他的语法学说与桥本进吉、山田孝雄的语法学说并称为日本三大语法学说。著有《语言本质论》《语法·文章论》《语言生活论》等。

就完全变了，因此要重新构筑历史的过去，就有必要把这种相对的情况考虑进去等等。还曾经投稿到《历史学研究》杂志(《新编·人类学的思考》所收，筑摩书房)阐述了这样的观点。那时我确实很彷徨。但是，现在回想起来仍然觉得自己当时的彷徨并不是毫无意义的。我想那表明我正在努力地亲手一点点地建筑起如何将一元论的现实相对化的视角吧。比如，1955年雕刻家奥西普·扎德金①访问日本，他在观看了能剧以后就说沉闷得要命。联系这件事情我写了一篇名为《能与扎德金及其他》的文章，指出了日本的能是建立在与一般西欧人具有的时间概念所不同的时间构造上的(《新编·人类学的思考》所收)。在今天，如果有学生写题为《能的时间构造》之类的毕业论文或许已经不足为奇了，但是我觉得在当时似乎完全没有这样的问题意识。我渐渐感到了时间的相对性是开启通往现实感觉相对化道路的钥匙。

在1958年左右，米西尔·埃里亚德的可以说是"原始学"的宗教史学开始吸引着我。那个时候，埃里亚德还没有被介绍到日本。我一开始读的是他的《永恒回归的神话》，然后又读了《萨满教》，被他那以回归原始时间为目标的人类学深深吸引住了。当时我四处张望，想找找看还有没有其他人也在寻求埃里亚德的东西，环顾四周只有我的老师马渊东一氏一人而已。在经验主义统治着的社会人类学领域，乍一看埃里亚德的方法会被误解为像是詹姆斯·乔治·弗雷泽②那样坐在扶手椅上的学究所作的人类学中的比较民族学研究，但是埃里亚德通过原始时间使得日常生活的现实相对化的研究方法，有着深深吸引人的地方。也就是在那个时候，我从马渊氏那里借来了埃里亚德的《形象与象

---

① 奥西普·扎德金(Ossip Zadkine，1890—1967)，法国著名雕塑家，最为著名的作品为青铜雕塑《被摧毁的城市》(Destroyed City)，创作于1951年至1953年间，高有6米，现放置于荷兰的鹿特丹市。

② 詹姆斯·乔治·弗雷泽(James George Frazer，1854—1941)，英国人类学家、民族学家、宗教史学家、英国进化学派的代表人物。主要著作有：《金枝：对巫术与宗教的研究》、《图腾崇拜和族外婚》、《不朽信仰和死者崇拜》、《旧约中的民俗》、《自然崇拜》、《火的起源神话》、《澳大利亚的土著种族》等。

征》。埃里亚德应该是在 1963 年左右,受国际宗教史学会的邀请到访日本的。那时候听冈正雄氏说他曾是埃里亚德的老师,埃里亚德读过他以前在维也纳大学的博士论文《古日本的文化层》,这次能够在东京见到他,埃里亚德感到非常高兴。回想起当时,埃里亚德在学会上论述"象征"问题的时候,强调了无数次"所谓象征是指一个词或者形象中包含了好几层未被分化的意思的状态",这一观点令我格外倾心。我想如果说一对一的对应是一种信号,那么与之形成截然相反的就是象征。我应该就是基于这一理解,才开始一点一点地抓住思考现实重叠性的线索的。"象征"这个词语在战前的日本仅仅被理解为是一种徽章,而在战后的日本,诸如法律意义上的象征天皇制之类,也往往只是从制度上进行思考。用现在的话讲,所谓象征似乎用"就是多义性图像"一句话就能解释的,不过或许可以说,当时给象征这个词定位的思考架构在我的求知示意图中正逐渐形成。

　　要说现实的多样性,对我具有启示性的就是经历了现象学观点的德国民族学家 Wilhelm 姆曼[①]在著作《民族学方法论》中展开的论述。姆曼是引用了韦纳尔·卡尔·海森伯[②]的量子力学的理论来进行说明的。他说绝对稳定的现实是不可能存在的,所谓现实就是存在于观察者与被观察者或者事物之间的关系之中,因此,两者的关系如果发生变化,现实的结构也将随之变化。这一观点与格式心理学(Gestalt Psychologie)的观点一起,给我对"现实"固定不变的观点的怀疑提供了一剂最有力的强心针。从 1963 年开始,我去了西非尼日利亚的大学执教,于是就不断地陷于不可知论之中,思考着把现实理解为是相对的这种知识范畴究竟是怎样一种构造呢? 这个问题一直萦绕在我的脑

---

　　①　姆曼(Wilhelm Emil Mühlmann 1904—1988),德国民族学家和人类学家。

　　②　韦纳尔·卡尔·海森伯(Werner Karl Heisenberg,1901—1976),德国理论物理学家,量子力学第一种有效形式(矩阵力学)的创建者。其著作有:《量子论的物理原理》、《基本粒子统一场论导论》、《原子核物理学》、《当代物理学的自然观》、《原子物理学的发展和社会》等。

海里。

1963 年 10 月,我踏上了求知的长征。如上所述,我是作为尼日利亚的大学讲师被邀请过去的,对于第一次去国外的我来说,稍稍厚着脸皮就去上任了。我在尼日利亚,从 1963 年到 1965 年,以及 1966 年到 1968 年旅居过两段时间,在前一段时间我利用大学的假期进行了调查,而在后一段时间,虽然因为内战中断过,但也还是得到了调查的机会。

在这两次调查中,我幸运地找到了机会将我原来抱有的潜在的课题转化成了有形的存在。我调查的竹弓族(Jukung)①是一个有着以王为政治、宗教中心的这样一种文化的部族。在竹弓文化中,世界构图在人体、家、城镇、政治组织、宇宙等种种文化层面是建筑在男女、左右这二元式分类标准之上的。不仅如此,在神话故事里,诸如骗术师那样的存在是维系两个世界的中介,扮演了文化英雄的角色,在制造混乱的同时又带来新的文化元素。就是说在神话世界里,王代表的是从有秩序的现实去看世界的观点,相反,骗术师不承认世界秩序这个现实,通过戏言和笑话将构成这个秩序的要素统统推翻,然后在这基础上再充分发挥故事的特性,推销另一套规则。也就是说骗术师的工作就是把以王为中心构筑起来的现实相对化。然而,他所采取的行动,目的是为了符合由秩序和混沌构成的、可以说是更高层次的宇宙论的世界模式(详情请参考《非洲的神话世界》第四章,岩波新书)。

这样,到目前为止我每次都能够抓住所遇到的潜在地积累起来的种种主题机会,这究竟是因为调查所具有的偶然戏剧性呢,还是必然通过偶然成为有形的存在呢? 现在一下子很难确定。

最近,进入我研究领域之内的主题之一是被放大了的理性形态的非理性问题。对非理性问题进行思考的契机有很多,这个问题归根到

---

① Jukung 原本是印度尼西亚一种独木小舟,舟体使用中空的树干制成,两侧装有用竹子做的平衡装置,又叫竹弓船。估计竹弓族就是依靠竹弓船生活的民族。

底或许可以归结为是单一的现实对复数的现实的问题。但在当时我并没有闲心去思考这个问题。不过我已经开始隐隐约约感觉到"单一的现实"的观点与狭义上的"理性"的问题似乎在某个地方是联系在一起的。"理性"的范畴是通过以下这几个步骤建立起来的：由种种推论方法还原为确切的单位，保持一种维系可预测关系的状态，并排除任何其他方法。而理性在这个意义上是被作为进一步固定可视性现实的支柱来运用的。确实，社会为了维持秩序这个保证交流的体系，必须固定住与秩序相称的现实以免其继续扩大。现在，通过"现实的多层次性"这一表现很大程度上已可以很好地对现象学的观念进行说明，但这也不是凭空想象立刻就能够整理出来的。

与具有统治力的现实相互重叠的理性主义只要还确实受到尊重人性的支持，就会给非合理的感性提供最后的依据。但是，理性始终是固定人性的综合体，即使多少有点勉强，它也要将人的精神与已经处于某种制度的影响和控制之下的日常生活的现实调和在一起。这样的理性信仰，在人类的精神超越了日常生活现实继续扩展这一点上，难道不是压抑了人类想要更全面地生存而进行的尝试吗？

综上所述，其结果，我想到了必须要描绘一幅用于精神旅行的示意图。以近代西欧为根据地，理性信仰覆盖了世界广大地域的城市，由于它为了在表面上维持尊重人性，从而包揽了过多的不同类型的区域，因而到处都开始暴露出破绽。为了使这种认为近代西欧的理性信仰具有普遍性的傲慢不再蔓延，就要告诉大家这种理性信仰是以西欧这块有限的地域现象为基础构筑起来的，必须将西欧式理性拉回到相对的位置。

我所从事的文化人类学，正如列维·斯特劳斯在《人类学之父卢梭》（《结构人类学》所收，荒川几男译，MISUZU 书房）中所明示的那样，原本是作为对西欧理性信仰提出异议的研究领域发展而来的。围绕这一点，在 1965 年我写了题为《日本的人类学认识论的诸前提》的短文投稿到《思想》杂志。在文章里我把人类学定义为相对化学说，提出为了认识多样化的现实必须引进现象学的观点。现在以克利福德·格尔茨①为首的人类学家正根据现象学的观点开展人类学的研究，虽然未必可以说已经站住了脚跟，但也不再是什么新奇的观点了。现象学的观点就是将文化中内在的现实诸相和人类学家生存的现实的相对性引入分析的视角，而这种方法，在当时的世界范围几乎没有一个人把它当回事。当时的社会科学就像行动科学那样，只满足于将现实拴入能够量化处理的范围，可以说从未认识到复数的现实是超越了这种处理范围的怪物。基于这种状况，我终于开始感到，必须冲破一直作为近代大学研究前提的认识论的围栏走出去。正如竹弓族的骗术师野兔自由地出入于城镇和荒野那样，尝试着从被包围的现实越过边境的时刻来到了。

为了整理这种"被包围的现实"和从"现实"暴露出来的种种现实之间的关系，滑稽小丑的概念给了我有效的线索。滑稽小丑不会只安居在一个"现实"里，它可以轻而易举地冲破各种"现实"的境界。所谓滑稽小丑就是不完全地参与到具有统治力的现实中去，总是与之保持一定的距离，有时候还会从具有统治力的现实脱离出去。小丑通过其诡辩和精炼的语言以及肢体技巧可以同时生存在好几个"现实"中。从逻辑和认同的一贯性这个观点来看，似乎小丑都在说些信口开河愚昧可笑的事情，但是通过引人发笑反而将人们诱拐到了他自己的世界里去了。

小丑即便是在看上去不是安居在一个"现实"里的时候，他也能够看透在彼岸的另一个"现实"。运用这种智慧技巧，最后小丑指明了通往所有求知的始发地的道路。有的人总是觉得"滑稽小丑"这个词的语感洋味太足，我倒是很想向他们推荐把"小丑"换成"禅僧"、把"丑角的

① 克利福德·格尔茨(Clifford Geertz, 1926—2006)，美国最具代表的人类学家之一。他以论文汇集形式发表的《文化的诠释》在人文、社会科学等学术界产生了巨大的反响，其中他对于文化概念的深入探讨和诠释(包括如深层描述等概念)，其影响超出人类学，而及于社会学、文化史、文化研究等方面。

法术"换作"疯狂的传统",将小丑所运用的荒唐无稽的逻辑与禅宗的公案放在一起来理解。

我自己也记不太清了,以上有关小丑的观点,是不是在把《文化中的知识分子》(《新编·人类学的思考》所收)这篇短文投到《思想》杂志的时候酝酿归纳而形成的。总之,与以往的知识分子论不同,我在这篇文章里把牧师型的知识分子和滑稽小丑型的知识分子进行了对比。当然,这种有关小丑的观点是从神话故事里那位轻而易举地克服了文化中基本概念之间的对立,起到了一个中介作用的骗术师形象中演绎出来的。

引进现象学的情形也是这样,小丑在日本传统上被认为是无意义的东西,完全不被纳入"求知"的架构中。把小丑概念引进文化及"求知"动力论的中心部分,这是一种相当需要勇气的行为。《思想》是一份"滑稽小丑"性质极为淡薄,就是在今天也是牧师型知识分子的执笔者占绝大多数的杂志,给这样的杂志投稿在当时或许可以说简直是荒谬鲁莽欠考虑的胡闹。事实上这样的观点在日本当时的知识环境中完全找不到,在我周围也只有几位支持我的编辑而已。虽然还是充满着希望,但的的确确是属于不合群的"旅行"。

1968 年春,从 3 月一直到 5 月,我再次去西非进行调查,在回来的途中,我在巴黎逗留了一个半月左右。正如我在后面将叙述的那样,就是在那个时候我第一次遇到了中村雄二郎①氏。另外,当时认识的许多法国朋友都在法国巴黎第十大学任教,所以我目睹了还处于开始阶段的学生反叛而引起的混乱局面。在法国逗留期间,我连续 3 天去 Piccolo Teatro(位于意大利米兰)②剧院观看卡尔洛·哥尔多

---

① 中村雄二郎(1925—),日本当代著名哲学家、思想家。著作有:《日本文化的焦点与盲点》、《现代日本思想史 3》、《日本文化中的恶与罪》、《西田几多郎》等。

② Piccolo Teatro 是意大利著名剧院之一的都灵皇家剧院(Turin Royal Theatre)中的一个小剧场,可容纳 600 人观看演出,剧院贝壳状的新型建声设计改善了声场音质。

尼①的作品《一仆二主》。这出喜剧给我提供了一个契机,促使我将一直以来潜在的作为世界观模式的丑角喜剧模式展现了出来。在1956、1957年左右,我正在摸索着应该选择怎样的比较对象才能将对狂言的兴趣在普遍性层次上进一步展开下去,当时我想到了在神保町的旧书店买到的Du Chartres的《意大利喜剧》。

当我们意识到现今仅仅凭借语言已经无法将世界的整体性搬上舞台了,这时喜剧剧场的一个很明显的意义就在于,将身体从日常生活的功用性中解放出来,投入到娱乐的世界中去。在这之前的两年中,我对竹弓族进行了实地调查,不断地思考着礼仪以及假面使人们从日常生活的束缚中解放出来投入到疯狂的喧闹之中去所包含的意义。思考着在人类学家简单地归类为礼仪或者舞蹈的现象中,是否存在着解析近代西欧文化已经丢失了的重要部分的线索。这里所表现出来的是非理性的问题。而小丑的问题、笑话的问题还有肉体的问题,在某种意义上讲,的的确确都是非理性问题的延长。

然而,我觉得当时处于统治地位的知识架构作为求知的条件完全不适合于表现我的这些个人性的课题。就是说,20世纪的求知路标是以继承发展19世纪末占统治地位的经验主义和实证主义的遗产这种形式建立起来的。尽管在艺术的世界里,达达主义、超现实主义、未来派、表现主义等等,不断地对现实主义传统发起反击,但是在社会科学领域基本上还是通过现实主义去认识世界。而且是依靠着可以从经验去认识分析的对象,并将其还原成量化的实证主义方法。这种方法固执地认为世界是由不动的个体组成的,以因果性和预测可能性为秩序的基础建立起来的,因而排除多义性的事物,以单一性现象为分析的基础。社会科学中的功能主义认为世界是建立在这种作为个体的部分与整体的调和之上的,因此只有对稳定的世界秩序有贡献的部分才被纳

---

① 卡尔洛·哥尔多尼(Carlo Goldoni,1707—1793),意大利最伟大的剧作家之一,一生写作了120部作品,包括:《一仆二主》、《高雅的女人》、《女店主》、《广场》、《好抱怨的托代罗先生》、《老顽固》、《度假三部曲》、《咖啡屋》和《狂欢节结束前夜》等。

入分析对象这一倾向占有统治地位。只要深信人是生活在单一的现实中的,这种观点就不会出现破绽。如果有什么可能招致破绽的部分,那就说它"不合理"将其压制下去就行了。

然而,正如我们通过诸如做梦、无意识、祭祀、极限状况、文艺、神话之类的人类经验的结构就可明白的那样,人类不是仅仅沿着因果论式的符合逻辑的方向生存着。种种这些因素乍一看似乎不合理,但对于仅仅依靠理性不能过上充实完整的生活的人而言,是对表面上的生活的一种补充。假如我们把这种看上去荒唐无稽的部分看成是影子部分的话,那么人类要是不尝试着与这种影子部分进行悄悄的对话,就不可能保持深刻意义上的统一。因此如果将构成人类生活的光亮和影子进行对比,就可以做成如下表格。

表层意识的整合性	通往深层意识的旅行
一本正经	笑话
因果关系	荒唐无稽
理性	疯狂
日常生活的现实	庆典祭祀的现实
现在	原始状态
牧师型才智	小丑型才智
思想体系	想象力
语言的理论	肉体的理论
一元化现实	多元化现实
中心	边缘

往来于这种两极之间的工作就是 1970 年以后的我的目标。我逐步发表了《原始世界的复权》、《文化与疯狂》(都收录在《新编·人类学的细考》中)、《小丑的民俗学》(新潮社)、《历史·祝祭·神话》(中公文库)等,这些在我"求知→非求知"旅途中的路标,对于已经构成的在社会科学中具有统治地位的思想体系而言,或许可以说是一种堂吉诃德式的挑战。

四、旅行日志

（一）

说起旅行，究竟有哪些种类呢？如果从外表来判断的话，那也可以说人口有多少就有多少，不胜枚举。因而最终除了回顾自己的经验，很难再列举出什么确切的例子了。因此，下面就来谈谈关于目前我自己在时代潮流中的旅行吧。之所以这么说，因为虽然作为地理上空间移动的实际旅行我是在 1980 年 11 月到 1981 年 1 月之间进行的，但所谓旅行不是指在一个时间里，而是存在于各种时间的推移中，这一点已经十分明确了。

这次旅行是从弄假成真开始的。1977 年，我去美国参加由罗得岛布朗大学主办的美国符号学会，在那里，我和现任加拿大东端哈利法克斯的达尔豪斯大学俄国文学科的主任教授尤利·克拉索夫成了朋友。他是作为反体制分子被俄罗斯驱逐出境的。在学会结束之后，当他知道我还要去伦敦，就约我去了哈利法克斯。说到哈利法克斯，在我的印象中就是以维克多·雨果的女儿为主人公的、弗朗索瓦·特吕弗的作品《阿黛尔·雨果》中一开始的场景：主人公阿黛尔为了追寻抛弃了自己从英国到哈利法克斯赴任的军官，而乘船到达的那个码头。记得作品里面有这样一段插曲,说在哈利法克斯有一家整理得井然有序的书店,经营这家书店的是一位年轻男士,由于阿黛尔经常来这里买给父亲写信的信纸,于是这位男士对阿黛尔产生了爱意。影片中这家书店的建筑结构非常别致,所以哈利法克斯给我留下了印象。在电影的最后部分,阿黛尔处于半疯半癫状态,追赶着再次抛弃自己去了加勒比海英属巴巴多斯岛赴任的军官来到了岛上,就在她倒在市场里快要死去的时候,得到了一位非洲裔胖女士的救助,最终回到了在法国的父母身边,电影到此结束。1977年初夏,我曾从逗留中的墨西哥到哥斯达黎加的大学去作短期集中讲学。作完讲学,我突然想要沿着加勒比海环绕一周之后再回墨西哥,于是先经巴拿马到委内瑞拉首都加拉加斯,在那里逗留了数日。之后,又经特立尼达我到了巴巴多斯。这次旅行也没有什么特别的目的,而且初夏的季节也有点不合时宜,所幸坐落在海滨的度假屋旅馆很便宜,我一边在海里游泳,空闲时间还看看书,度过了一个名符其实的假期。当然,电影中所说的阿黛尔在那里倒下的市场并不是小小狭长的房屋排成列的具有西非风格的那种,而是很大的钢筋建筑。第一个在西非的黑人文化中进行过调查的我有一种回到了故乡的感觉,徜徉在巴巴多斯广场的日常生活的人流中,然后满怀着感慨经马提尼克回到了墨西哥。

好像是被克拉索夫诱拐到哈利法克斯的我又回想起了去巴巴多斯的旅行,陷入了一种错觉之中,好像是在倒着读小说似的,从结尾一直读到开头部分,回味着一种奇怪的心绪。

就这样,我在去哈利法克斯的途中就已经在路上闲逛了,这主要还是因为我想要对在这之前的来龙去脉作一个说明。而且就连哈利法克斯也不过是属于对下面所要叙述的旅程的一种铺垫而已。而且,到了哈利法克斯我才知道,相对作为阿黛尔·雨果上岸的港口来讲,哈利法克斯反而是因为托洛茨基①在此港口登上美洲大陆而闻名的。要是在这里大谈特谈我对托洛茨基的兴趣的话，那就会大大地偏离正题了，我想就此省略吧。在哈利法克斯，当然并没有电影中所描写的那种典雅庄重的古书店，只有两家宽大而有些许嘈杂的旧书店。但是，尽管电影里没有描写，我却看到了托洛茨基曾在那里被幽禁了十天的古堡。虽然都是一样的观察行为，但是比起按照旅行手册上写着的去观察来，当然是与自己深感兴趣的人物有关的事物突如其来地出现在眼前，更能给我带来新鲜的惊奇。

在哈利法克斯逗留的两天时间里，与尤利·克拉索夫进行了长时间的交谈，交换了各种各样的意见，之后克拉索夫对我说，他想在1980年秋天举办一个题为"二十世纪知识分子的地位与任务"的研讨会，问我来不来，我当即回答说："好吧，我来！"

物换星移，舞台转到了1980年2月的纽约。我正与纽约大学戏剧学科教授理查德·谢克纳②谈着话，讲到了研讨会的事情，他立刻就顺着话题建议我说："您要是去加拿大的话，那能不能顺便来纽约大学作讲座呢？"我对哈利法克斯研讨会的进展很乐观，于是就答应了下来说："好吧。"这次讲座的日程安排是，上半年度由人类学家维克多·特纳③负责开讲，他的《礼仪过程》（富仓光雄译，思索社）学说在日本也颇负盛名的。纽约大学讲座的日程也确定了下来。谁料到了8月，克拉索夫给我来了一封信，说由于日程怎么也安排不过来，所以有关"知识分子"的研讨会中止了。可是，纽约大学那边的讲座也不可能因为这个理由而取消的。当我正在左右为难的时候，有位朋友雪中送炭，说他个人可以为我提供来回机票。于是在11月18日我经由伦敦飞到了纽约。下

---

① 列夫·托洛茨基（Lev Davidovich Trotsky，1879—1940），苏联时期著名政治家。1917年3月27日托洛茨基一家从美国纽约乘坐挪威轮船赫里斯季安纳峡湾号回国，途经加拿大哈利法克斯港，被当地的英国警方扣留。

② 理查德·谢克纳（Richard Schechner，1934—），美国著名戏剧理论大师。

③ 维克多·特纳（Victor Witter Turner，1920—1983），美国人类学家。主要著作有：《烦恼的大鼓》、《象征与社会》、《礼仪的过程》等。

面就按日记形式来介绍我的旅行吧。

11 月 18 日（星期二）。下午 3 时到达纽约。前往位于东村（East Village）的"Performing Arts Journal"戏剧杂志事务所，去拜访两位朋友 Dasgupta 和 Bonnie Marranca。我以前曾经在东村住过，这两位朋友是我四年前旅行的时候，在林肯中心地下室的书展上认识的。当时他们在书展摆了一个书摊，我们一见就意气相投成了朋友。丈夫 Dasgupta 为了学习原子物理学从印度来到美国，学到一半时因对自然科学感到厌烦而转学戏剧了，他关于现代戏剧的知识惊人的渊博。妻子 Bonnie 是评论家，和丈夫是同学，因对美国前卫戏剧进行了最尖锐的分析而知名。

和这两位朋友一直谈到 6 时半左右。之后，因为是在步行可能的范围之内，所以步行来到纽约大学戏剧学科，7 时开始进行题为"日本戏剧的空间构造"的讲座。讲座是从关于 1980 年秋天位于富山县利贺村的早稻田小剧场新利贺山房开始的。日本某家报纸的晚报上做过这样的报道，说去利贺村就像是经历了一场类似巡礼那样的旅行体验，从这个意义上讲，那里的剧场结构也是戏剧史上罕见的。我就把这篇报道作为讲座的开场。明确地说，去利贺村也可以说是一种下地狱。一般人们要去剧场，本来都应该是在步行可能的范围之内，要不然在东京的话，一般都安排在利用一次交通工具就可以到达的范围之内。因此很多时候，人还没能从日常生活的时间构造中脱离出来就进了剧场。这从轻松舒适角度来讲，有它有利的一面，但是精湛的戏剧会把人带入一个完全不同的时间构造之中，从这点来讲似乎多少也伴随了不利的因素。

观众在到达富山县利贺村之前，已经历了一段旅行作为过渡时间，在这段时间内人们完全远离了日常生活。这座剧场是以民居和能舞台为基础的。为了进入这座由矶崎新①氏设计的新利贺山房,观众必须排在长蛇般的队列中等待。剧场由两栋建筑构成。因为是建造在斜坡上面的,所以作为剧场的那一栋在高处,而斜坡下面的那一栋则是出入口,出入口那一栋里面有楼梯和走廊将两栋建筑连接起来。在相当于剧场后台的空间,曾用作民居的横梁还明显地留在那里,那被烟熏过而呈暗黑色的顶棚,有着足够的深度去隐藏无限的黑暗。那黑暗就像包藏着永无穷尽的时间和空间,因此人类的精神无论有多么深邃它都能够应对。这种利用民居和能的舞台的新利贺山房,其布局构成了一个特别的剧场空间,大胆地采用了生动的格式化表演空间,使得凝聚的、人类精神的深邃部分充分地表露出来。这个舞台是经历了旅行(上路)、被封闭的感觉、黑暗、与异型的事物相遇等过程的舞台,这种体验使得观众进入了一个完全不同层次的现实之中,将观众带入了通往地狱的死和再生的体验中。去利贺村的往返是一种近似于礼仪的行为,这种行为是以进入地狱=回归母胎这种几乎是神话模式为基础的。在利贺村,剧场的再生把这种近似根源性体验的东西带给了人们。

我热心地这样介绍着,甚至无暇顾及疲劳,又进一步以能、歌舞伎、岩手县的山伏神乐为例继续讲述着舞台的凝聚性和象征。讲座结束后,和谢克纳以及好些学生一起来到大学附近的一家日本料理餐馆用晚餐。其中有一位叫法蒂玛的葡萄牙学生向我提了许多饶有意思的问题,她正以《武术与戏剧》为专题在学习有关日本的戏剧。

11月19日(星期三)。休息一天。感到有点疲劳。傍晚,人类学者维克多·特纳在纽约大学的大礼堂作有关戏剧与现实的经验承传的讲座。讲座结束后,和从印度来的印度传统戏剧研究的最高权威Suresh Awasthi和维克多·特纳夫妇以及谢克纳一起来到学校附近的印度餐厅用餐。我们就戏剧与文化的关系进行了热烈的讨论。晚饭过

---

① 矶崎新(1931—),日本具有后现代风格的建筑大师,主要作品有:筑波中心大楼、洛杉矶近代美术馆、巴塞罗那体育馆、京都音乐会广场等。

后,维克多·特纳提议去东村的一家叫做"McSorley"的具有 19 世纪风格的庭院式啤酒店,大家都欣然赞同。这不过是一家自称是美国最古老的啤酒屋(庭院式啤酒店),其实是一所仿古建筑,一切都建造得很结实。客人满满的,就好像是星期五的夜晚,我们随便找了个座位坐下,一直谈论到了深夜。

11 月 20 日(星期四)。上午和特纳夫妇以及谢克纳、Awasthi 一起观看我从日本带来的有关山伏神乐的影片和早稻田小剧场排练情景的录像,并就铃木忠志的演技和山伏神乐幕布的使用方法等等展开了热烈的讨论。晚上是我在戏剧学科的第二场讲座,内容是有关日本戏剧中的神话构造。我讲述了主角和配角在广义上象征性地反映了主人公和 MODOKI① 的关系,这种关系进一步又是以"和"与"荒"② 这种二元构造为基础的,但由于内容准备得太多,所以讲得不够条理清晰。

11 月 21 日(星期五)。去著名的旧唱片和旧书大甩卖的商场 Barnes & Noble 淘书。这是现在纽约最大的连锁店,有传闻说其资金是来自黑帮团体,这实在是太具讽刺性了。因为晚上要去特纳的一个女弟子家参加晚会,所以去了西 94 号街。在 96 号街有一个叫"Symphony Space"的独特的演唱会剧场,那里的一条小胡同里有一家旧书店,气氛安静,一直播放着静静的巴洛克式音乐。因为我以前也经常去,所以和店里的人谈得很融洽。还说是认识京都研究法国文学的生田耕作氏等,这就成了我们的话题。主持晚会的是一位犹太人女性,所以理所当然是犹太人占多数。这种情况似乎最近特别明显。因为在座的还有与犹太人有关的出版社的编辑,所以我就向他们询问一些情况,让我吃惊的是这家颇有名气的出版社只有三名编辑。

11 月 22 日(星期六)。一下午都在和从日本来纽约大学学习美术史的 H 氏聊天。到了晚上,因为在 Symphony Space 有一个演唱会,主

---

① MODOKI 是日本各种传统戏剧中通过模仿主角的动作来戏弄主角的一种滑稽逗笑的角色。

② "和"是细腻、柔和的意思;"荒"是粗野、凶猛的意思。

题是"阿隆·柯普兰①——从墙壁到墙壁",所以我在昨天同一个地铁
站下了车就去了。但可能是阿隆·柯普兰亲自指挥的缘故吧,不仅客
满了,而且还排着长长的队伍,看样子是没有机会能够挤进去了,所以
只好打道回府。这家名为 Symphony Space 的演唱会剧场,是由本地的
居民和艺术家合作经营的,经营模式是,在平时会场出租,对免费的音
乐会则是免费提供场地。一年一度都会在这里举办从上午 11 时开始
一直到深夜的接力演唱会。去年是"勃拉姆斯②——从墙壁到墙壁",
由邻近的演奏家免费演出,是一场非常轻松愉快的演唱会。今年看来
是我不走运,结果只好回去听收音机里的现场转播。

　　11 月 23 日(星期日)。晚上与理查德·谢克纳以及 Awasthi 一起
去附近的公共剧场观看名为《走到尽头的饿鬼》的演出。内容是以原子
能为主题,宣传科学和炼金术、墨菲斯托菲里斯与浮士德、居里夫人与
科学的良心问题、氢弹的诞生、原子能的安全性等等的道理。表演者肤
浅的说明,听来与电视台主持轻薄的解说如出一辙。谢克纳倒是非常
感动,还邀请我一起去后台,我婉言谢绝了。剧情的安排实在是东拼西
凑,我并不太喜欢。

　　11 月 25 日(星期二)。晚上出席了 Suresh Awasthi 在纽约大学的
讲座。内容是关于印度古典戏剧中的丑角。我和 Awasthi 氏除了
1977 年在印度的设拉子(Shiraz)的"关于即兴戏剧"的国际研讨会上见
面以来,还在德里见过面。特别是他这次的讲座内容,据说主要以受到
了我在设拉子的报告(《从比较观点看即兴喜剧》,英文)的启发而写的
论文为基础。焦点主要放在印度古典戏剧中丑角的中介作用以及狂欢
性。我在《小丑的民俗学》中就印度的小丑也只不过作了两三行的论述

---

　　①　阿隆·柯普兰(Aron Copland,1900—1990),美国 20 世纪具有代表性的作曲
家,音乐大师。其作品有:《钢琴协奏曲》、《墨西哥沙龙》、《比利小子》、《大众鼓号曲》、
《牧区竞技》、《阿帕拉契之春》等。

　　②　约翰奈斯·勃拉姆斯(Johannes Brahms,1833—1897),19 世纪德国著名作曲
家、钢琴家和指挥家。

而已,而且还曾为资料不足而心怀不甘,然而如今对我论文的反应兜了一大圈,又以资料形式回到了我这里,这实在是件令人愉快的事情。一边旅行一边进行思考,一边交换意见,一边收集资料,还可以认识一些在研究方法方面心投意合的朋友,看来我的旅行风格也不是毫无价值的。讲座上对 Awasthi 氏的提问也十分活跃,特别是某位女生提的问题引起了大家热烈的讨论,她问为什么街头艺人中男的多女的少? 对于这个问题,谢克纳拿出了岸田秀①氏的《懒汉精神分析》的理论。岸田秀氏理论中小丑等于阴茎的论述就是指男子在半夜也会勃起的这种自律性才是小丑的源泉。我则提出了建议,说有必要对某一种文化中的小丑和恶魔的形象关系进行考察,因为两者很多时候最终都是女性成为其统治者。这种问题讨论起来真是没有止境。

（二）

在旅行途中回过头来想一想,我的行程几乎都是由岔道和绕道构成的。从这个意义上或许可以说,我的旅行越来越像我在开头提到的西非传说中的那位骗术师野兔了。骗术师野兔经常为了给国王的马割草料进入丛林中去,立刻就忘记来这里的目的,注意力被偶然进入视野的东西吸引住了,一头钻了进去,然后将从未想到过的新鲜事物带回城里,开拓文化所未知的部分。我的这种充满了岔道、绕道的旅行还将会继续下去。就像谷川俊太郎说的那样:"即便走过了目的地,也还是想要继续往前走。"

11 月 26 日(星期三)。其实,本来我必须在这个月的 25 日之前到达巴黎,和共同研究的朋友们一起进入到合作研究的体制中去的,可是今天我还在纽约。到了下午,Dasgupta 联系上了梅芮迪斯·孟克,说

---

① 岸田秀(1933—),日本心理学者、精神分析学者,和光大学教授。

好了下午 3 时她在 SOHO 的阁楼等我们。梅芮迪斯·孟克是当今美国前卫戏剧界给人留下了深刻印象的一个人。我今年春天在拉妈妈剧场看过她演的《最近的废墟》，非常震撼，因而很想和她讨论一下。由于怎么也叫不到出租车，所以乘坐地铁到了附近，然后走去她的阁楼拜访。那种阁楼，凡是了解 SOHO 的人谁都知道，那是把仓库改装而成的宽敞的室内空间，用途因人而异，有的把它作为工作室，而有的人则把这空间用作练功场所。梅芮迪斯·孟克也是一位拥有这种空间的人。不过，她告诉我说，现在房租涨得厉害，可能明年必须离开这里了。孟克说这片 SOHO 区位于曼哈顿格林威治大桥以及东大桥和南端的华尔街之间，以前都是很大的仓库，随着时间的推移逐渐荒废了，后来艺术家们看中了这片宽敞的地区，将其改造成了工作室等，开始展露出艺术村的风采。理所当然物价也随之上涨，于是有钱人认为这里是属于走在文化先端的住宅区，开始纷纷入住。这样一来，重新开发了这个地区的艺术家们如今却落得将要被赶出去的命运。我说："这就是说艺术家被别人当作将'自然'改造为'文化'的尖兵利用了呀。"孟克表示赞同说："的确如此。"她还告诉我，自己养了龟，并让我看了她饲养的龟。我说："龟在你之前的作品里被用作是未来的象征吧。"她回答说："龟有着比人类历史更远古的历史，先于人类诞生并还将延续下去，从这个意义上说，它的存在象征着一种连续性。"

　　孟克是一位戏剧家、作曲家和表演家。《最近的废墟》的梗概是这样的：在比较近期的某个时代成为了废墟的土地，被一群考古学者进行了全面彻底的挖掘，因而又回到了原始时期，变为由大女统治的世界。但是女人们齐心协力打倒了称之为原母的大女建立了一个新的世界，不久便呈现出以女性为中心的集团与安装了自动控制装置的模型龟交错在一起群舞的、未来世界的场面。我想这部戏成功地塑造出了一个描写人类精神由太古一直到未来世界的戏剧空间。我们谈到了这部戏从结果来看，与能的某些部分相似，它描写了类似女性社会经历那样的东西。我们还探讨了，只是其中的女性也参照了近代软弱的男性形象，今后发展的方向与其把模仿这种软弱的男性形象看作是一种开放，倒不如探索一下男性和女性曾经是如何投身于宇宙的大自然怀抱中生息的，然后重新再来塑造男性和女性的形象，这或许更为重要。

我们的话题涉及到要在现在的美国寻求文化的深根是非常困难的，对当今的政治状况表示了悲观态度。不过在我这几年来进行的访谈系列中，这是一次极具深度、内容丰富的访谈。我带着十分的满足感告别了 SOHO 的阁楼。

11 月 27 日（星期四）到 29 日（星期六）。应 Suresh Awasthi 和布朗大学威廉副教授的邀请，我去了罗得岛州的普洛威顿斯和他们一起过嘉年华会。威廉是我四年前在罗得岛州参加《东欧符号学会》的时候认识的，1977 年他邀请我参加了在设拉子召开的戏剧研讨会，1978 年在德里召开的国际人类学会上还把我放入了他主持的戏剧人类学分会的报告者名单中。在设拉子认识的另一位朋友默罕默德·伽伐利住在威廉家，他是位表演家，是威廉研究伊朗小丑戏剧最得力的合作者。他感叹道："我这个人与政治完全没有关系，生来就是为了戏剧的，弄不明白为什么一定要被驱逐过境呢？"我说："革命总是会有牺牲的。牺牲者越是无辜就越是有社会效果。"他听了很生气地说："你觉得是别人的事情才会说出这样过分的话。"可见他是个直率而重感情的男子汉。我们三个再加上戏剧专业的约翰艾米副教授，在之后的两天里进行了各种各样的交流，还观看了印度和印度尼西亚戏剧的幻灯片。

其实，我是要和威廉就这几年来计划中的有关"替罪羊"的共同研究论文交换意见才来到罗得岛州的，不过因为威廉的论文差不多都完成了，所以星期六上午就这篇论文进行了讨论。讨论主要集中在了伊朗文化、尤其是戏剧中的反面人物形象起着怎样一种作用这个问题上。下午回到纽约。

11 月 30 日（星期日）。下午，和住在附近的 K 君一起去布鲁克林音乐学院观看牙买加国立舞蹈团的演出。观众一大半是牙买加出身的黑人团体，非常不懂规矩。要是在稍正规一点的演出会场，这些人肯定都会被赶出去的。舞台表演没有想象中那么充满生机，神话背景的运用也很草率，与几年前看过的古巴国立舞蹈团的纪录影片《奥根之战》（西非尼日利亚约鲁巴人的战神）比较，水平相当低，感到有些失望。虽然理查德·谢克纳推荐我去看一看在布鲁克林美术馆展出的故事中朱迪·芝加哥的巨大女阴雕刻，但是我已经没有时间去看了。

12月2日（星期二）。经历了一场十分惊险的体验。下午心血来潮乘坐地铁来到曼哈顿岛北端西面的200号大街。是去修道院艺术博物馆看名为《中世纪野人》的展览。入口处没有标记，进入了修道院公园然后沿着东侧向南。一路上没有行人。在路边，玻璃瓶的碎片散乱得随处皆是，给人一种毛骨悚然的感觉。虽然也是在纽约，但是让人有些许感到像是置身于荒野之中。我寻找着美术馆的入口，一直走到了公园南端的191号街。在那里我才知道原来美术馆是在西侧坡上那公园的中央。好不容易才到达了那座因独角兽和美女的壁毯而闻名的中世纪美术馆。展出内容的主题焦点是，在中世纪的西欧，不属于"文化"范畴的人们是以怎样一种形象被描绘出来的。展览从中世纪的绘画、插画、雕刻等等中获得了丰富的素材，十分详尽地展示了当时所画的相对"文化"来讲处于"自然"位置的人们的画像。有关这个主题，我曾经读过一心想成为美国历史符号学理论领袖人物的海登·怀特①所写的极具启发性的论文，因此饶有兴趣地观看了展览。

海登·怀特的《野性形态——理念的原理》（《话语的比喻：文化批评论集》所收，1978）是受到了理查德·范恩的《中世纪的野人——艺术、感情、魔性学的研究》（1952）的启发而写的论文。正如从怀特在同一部论著中发表的另一篇论文《作为神物的"善良野蕃人"》也可推知，怀特的这篇论文将焦点会聚在了为使西欧的求知相对化而一直使用的"异人"或"野性"所含有的精神史意义上。说实话，我也曾经在题为《余

---

① 海登·怀特（Hayden White，1928—），美国历史哲学家。其著作主要有《元史学：19世纪欧洲的历史想象》、《话语的比喻：文化批评论集》、《形式的内容：叙事话语与历史表现》、《比喻实在论：模拟效果研究》、《后现代历史叙事学》等。

兴的系谱》(《新编·人类学的思考》)的论文中,以同样的视角探讨了人类学在西欧的研究体系中的位置。还曾考虑要探讨一下有关中世纪的野人与博物志中的畸形人,因而对理查德·范恩的研究有过兴趣。在《异人的神话论起源》(《求知的庆典》所收,青土社)这篇文章中,之所以将有关西欧中世纪的"人狼"作为对象,就是出于这种兴趣。因此,当我知道"中世纪野人"展览开展的时候,首先浮现在脑海里的就是怀特的这篇论文。怀特在这篇论文中认为在中世纪的西欧,野人本来是以一种介乎于人类与野兽之间的形象、带有温和的性质、过着独自的和平的共同体生活的存在,而到后来硬是被强加上了恶魔、狂暴的形象,而两种形象的重叠又构成了两义性形象,并形成了一种"另类人的形象"。对此,怀特作了如下论述,说:"有时候'以野人的形象出现',这种被压抑被挤压在角落里的人性,有时候作为噩梦有时候又作为理想境界表现出来。"从我们的立场来讲,野人虽是边缘性的朴素的,但也具有生机勃勃的形象,是一种把人从稳定的日常生活中诱拐带走,激发人去"求知"的存在。事实上在"中世纪野人"展上还展示了题为"出现野人的边缘"的作品,令我心情十分畅快。

之后我又回过头去近代美术馆看约瑟夫·克奈尔的作品展览。听说约瑟夫·克奈尔数年前曾在日本举办过展览,不过当时是作为全新的幻想式的拼贴画艺术家,汇集了种种超现实主义的事物,可以说是形象炼金师那样的作家。展览上展出了四、五百幅作品,置身于这些作品中,我不由得想到看来抱有要去魔法的国度游历的想法的人还不只是我一个。

回来后,我给 Dasgupta 讲了在修道院公园的遭遇,他说:"要说那里,可是很有名的地方,独自一个人行走的话就是在大白天也会遭遇抢劫的,你能够一点也没事走出来,那真是近似于奇迹了。"我说:"怪不得感到很荒凉。"他又说:"你没有遭到袭击可能是因为他们把你看作是野人的缘故吧。"说着两个人都笑了。之所以在充满了混沌的纽约周边空间里举办"中世纪野人"这样的展览,或许是因为从其背景戏剧性上来讲有着无尽的趣味。俗话说"眼不见心不烦",对于没有身临其境的人来说,这或许不是那么值得一提的事情。

12月3日(星期三)。由空路去了华盛顿。在华盛顿希尔顿饭店召开的美国人类学学会一直要开到星期天。因为一天70美元的房费对独自前去旅行的人而言是不太可能的价格,因此找了一个同住的过了一夜。

12月4日(星期四)。虽然会议期间提交的论文有九百篇左右,但是这天没有我感兴趣的论文,所以到市里的各大美术馆去了。其中最精彩的是在史密森尼学会的一角赫希杭美术馆举办的题为"俄罗斯前卫艺术1910—1930"的展览。也就是俄罗斯20年代作品展。类似的活动还有1979年在巴黎举办的"莫斯科＝巴黎"展,但从展出的绘画作品来讲还是这一次的多,而且还有乌斯沃洛·梅耶荷德①等前卫戏剧的舞台设计的尝试等等,生动地反映了20年代俄罗斯的激进派艺术世界多姿多彩的表现形式,是一个令人兴奋的展览。据说这个展览只在洛杉矶和华盛顿展出,不到纽约来,所以一直令纽约人感到遗憾。

12月5日(星期五)。下午的分会都是讲关于安第斯地区和亚马逊河流域的社会构造比较,很有意思,所以我专心致志地在听讲。晚上,受芝加哥大学的特纳夫人等的邀请参加了南美研究学者的晚会.

12月6日(星期六)。上午出席了维克多·特纳主持的名为"经验人类学"的分会。这个分会目的在于从内部去把握"经验"这种文化现象,在与戏剧性结构的关系上进行论述,这和我的兴趣极为相近,所以听得饶有兴趣。要是有时间的话,真想作为一个报告者参加这个分会。下午,吃过午饭坐上了特纳夫妇的车,与布鲁斯(澳大利亚人,对锡兰礼仪分析和现象学有兴趣)、汉德尔曼(以色列人,专长于美国印第安人的小丑研究)、约翰·马克阿伦(芝加哥大学,专长于奥林匹克人类学研

---

　　① 乌斯沃洛·梅耶荷德(Vsevolod Meyerhold,1874—1940),俄国著名导演及戏剧理论家。

究)等人一起去位于弗吉尼亚州夏洛茨维尔的特纳家。各种不同背景的人聚集在一起,种种话题一直聊了到深夜。

12月7日(星期日)。中午,送约翰去了机场以后,大家一起沿着原野的小径散步。回到家,又聊天聊了很长时间,罗伯特(巴西)和巴巴拉·梅厄霍夫(南加利福尼亚大学)来了,成了一个大家庭。期间谈起,是不是大家去寻找资金,明年在日本举办一个题为"杂耍与庆典的人类学"的国际研讨会。巴巴拉说他要做有关迪斯尼乐园的分析。我说要是这样的话那我就做有关相扑的分析,罗伯特则说他准备做现在正在进行的"巴西国技足球的人类学分析"。甚至说到如果这个计划能够实现,数年前特纳访问日本,去了熊野备受感动地回来了,大家也可以一起试一下熊野纪行。晚上,集合了弗吉尼亚大学的职员和学生举办了一个盛大晚会。但是傍晚开始有点发烧的我也只能勉强应酬参加了。

12月8日(星期一)。我备受发烧和泻肚的困扰,傍晚回到了纽约,马上就寝。

12月10日(星期三)。身体好了一点,所以我去了纽黑文市拜访在耶鲁大学作逗留的柄谷行人氏。在车站与柄谷碰头,然后一起上了街。我身体还有点弱,所以说是吃饭其实不过是喝了一点汤,倒是问了他很多他现在感兴趣的事情。之后去了意大利学科拜访朋友保罗教授,很不巧他外出旅行去了,于是送了一本他编辑的刚出版的《耶鲁·意大利研究》第一刊给我。说是从4时左右开始法文科有一个晚会,所以就和柄谷氏一起出席了晚会。有一位名叫彼得·布鲁克斯的朋友,是研究19世纪法国大众小说的,他又介绍我认识了保罗·德曼和F.杰弗逊。杰弗逊问我:"目前你正在写什么书?"我回答道:"正在写题为《文化的诗学》的这本书。"于是他说:"我正在写《社会的诗学》,真是偶然的一致呀!"之后又拜访了正在耶鲁教经济学的岩井氏府上,然后乘坐9时的火车回到了纽约。

12月12日(星期五)。这是非常有意思的一天。下午我去了纽约一家我喜欢的书店"Book&Company"(73号街),就在惠特尼美术馆南面。一楼是堆满了文学、文学批评的书,而二楼是哲学、符号学关系的书架,所以我就在二楼独自一人慢慢地打发时间。谁知店员带着一位满脸胡须的绅士进来了,在靠窗的位子坐了下来就开始签字。我心中暗想,究竟是在什么书上签名呢?一看,原来是莫里斯·桑达克的书。于是我就询问说:"您就是桑达克先生吗?""是的。"他回答到。我作了自我介绍,然后说:"其实我在五、六年以前曾经分析过您写的《野兽国》。"他回答说:"那我很想读一读呢。"于是我跟他约定说:"我回到日本以后就把英文的摘要给您寄去。"之后又和桑达克先生就他最近的作品交谈了一会儿,便就近取了一本他写的书请他签名(这本书在巴黎的时候作为圣诞礼物送给了朋友雷蒙·詹姆斯的公子阿拉姆了,他是位桑达克的忠实粉丝)。心想耽误他太多时间不好,于是就和他告别,怀着十分愉快的心情离开了书店。此后,又和住在纽约的影像作家饭村隆彦氏夫妇交谈了一个小时左右,就往林肯中心方向去了。

(三)

12月14日从纽约出发,第二天早上比预定时间早一个小时,在上午7时到达戴高乐机场。和前来接我的丹尼尔一起到了位于六区塞纳大街他的住宅。在房间稍作整理就和丹尼尔一起出去了。

丹尼尔是人类学者,是以小说《蒂博一家》而闻名的罗歇·马丁·杜·伽尔唯一的孙子。他少年时期的照片曾刊登在马丁·杜·伽尔的《文学回顾》(店村新次译,法律文化社)一书中,因此或许有人还有印象。和他相识是带有那么一点戏剧性的,这在之前我也曾讲到过,因此请允许我将其作为我求知之旅个人神话的一部分记录在此。

那是在1968年春,我结束了在西非尼日利亚的第二次调查,想在回国途中顺路到巴黎逗留数日。因为是调查的回国途中,所以并没有带多少钱,就在青年旅社等处住一天是一天地过了几天。在位于欧德翁大道有一家叫做"野生的思考"的书店,是有关人类学、语言学领域的专门书店,在那里经书店主人的介绍我认识了名叫斯铂佰①的人类学家。我们来到外面交谈了大约一个小时左右,了解到两人的理论观点比较相近,于是约定两天以后再见面就告别了。两天以后,我们按照约定在同一家书店再次见面,和他一起来的还有另外两位人类学者。其中的一位就是丹尼尔。又在两天以后,他们为我举行了一个聚会。十几位人类学者聚集在几年前以研究法国现代魔女信仰而闻名的Jehanne Fivre家,一直谈论到下午3时左右。来者中的一大半都是当时在巴黎大学南泰尔分校执教的青年人类学者,后来发生学生运动时站在学生一边,积极参与活动。这样,我也成了他们风景的一部分,毫不客气地接受了丹尼尔的邀请寄居在了他家里。在历时四十天的逗留中,我有机会接连三天去Piccolo Teatro剧场观看演出,这三天的舞台表演成了我执笔《小丑的民俗学》的动机,这是我即兴旅行最愉快的副产品。

与巴黎南泰尔告别的日子越来越近了,丹尼尔和斯铂佰邀请我来南泰尔执教。这个邀请对我而言,即便是客套话也是令我感到十分荣幸的,我谢绝了两位的邀请回国去了。不过在当年秋天,分别在东京及京都召开了国际人类学、民族学会,当时去所罗门群岛进行再次调查后在回国途中顺道来日本参加会议的丹尼尔再次劝说我去南泰尔执教,于是我决定去南泰尔。从1969年秋天开始作为客座教授在南泰尔大学执教了一年。在南泰尔执教期间,作为与丹尼尔以及当时在研究生院就学的学生们一起制定的调查计划中的一环,我也决定在1974年到1975年期间到东印度尼西亚进行调查。

不过,现在这一次的旅行的目的是为了进一步深化有关我们共同研究的课题"文化中的排斥原则"中的问题而继续进行讨论。这个课题原本就是我提出来的,并以两位美国人类学者和法国的丹尼尔为中心,

---

① 斯铂佰(Dan Sperber,1942—),法国人类学家语言学家和认知科学家。

一共有四人参加。经过了数年的探讨,这课题已经进入最后阶段,预定由印第安纳大学出版社出版,现在是进行最后的商讨。

12 月 16 日(星期二)。说是早上,可因为时差的关系到了中午 12 时半才起身。共同研究的成员之一雷蒙·詹姆斯来了,商量一下目前的计划。下午,因为在法国大学有列维·斯特劳斯关于"旁系家族的问题"的系列讲座,所以就听讲座去了。晚上,出席了由伦敦大学萨利·亨弗利博士为我们团体讨论会(作为社会科学高等学术研究院研讨会的一环)作的题为"古代希腊的时间与死亡"的讲座。之后一起去附近的意大利餐厅共进晚餐。亨弗利博士是一位古典学者,正致力于再次将人类学和古典学结合在一起的工作,但他对经验主义也非常感兴趣,给我的印象是与用过于理性的形象去过度描写希腊世界的《希腊人与非理性》(岩田靖夫、水野一译,蚯蚓书房)的作者 E. R. 朵德斯相比还要倒退一些。

12 月 17 日(星期三)。今天见到了刚从旅行回来的人类科学研究中心的副所长科雷曼斯·埃雷尔。傍晚去诗人、美术批评家阿兰·杰弗洛的工作坊拜访他,我是两个月前在日本认识他的,是一位清新的地道巴黎人,两人谈得很投契。阿兰对我用法文写的几篇论文赞不绝口,还高兴地对我说你对求知的感受性非常了不起等等。或许是我把在日本就说好到美国去买的米莎女士(米莎女士是谢尔盖·加吉利夫的朋友,是 20 年代的巴黎社交界最有智慧的赞助者)的传记《米莎》(罗伯特与亚瑟·格尔德共著,刊登在杂志《世界》1980 年 8 月号刊)带给他了,他过分高兴才这么说的吧。晚上 8 时,参加了法国驻日大使馆的文化参赞杰拉尔举办的招待晚会。

12 月 18 日(星期四)。上午,在距离夏悠宫不远处的社会科学高等学术研究院有丹尼尔关于"交换理论"的报告会。他一边引用美国人类学者马歇尔·萨林斯①的例子，一边论述有必要引进有关交换分析上的象征以及世界观这方面的分析视角。路易斯·杜蒙②教授以及出席报告会的人都受到很大的启发，讨论十分活跃，一直进行到午餐时间。下午是杜蒙教授有关"圣奥古斯丁思想中的权力问题"的讲座，我听到一半退席去见负责人类科学中心的杂志《社会科学信息》的编辑，商谈我投稿的题为《米哈伊尔·巴赫金与今日象征人类学》的论文。

12 月 20 日（星期六）。今天感到有一种休假的心情。晚上一夜没睡觉，一直在阅读关于东帝汶的书，当我了解到自己曾经逗留过三个月的旧葡萄牙领地帝汶岛遭受印度尼西亚蹂躏的悲惨实情，不由得担心起在当地共同生活过的许多朋友的命运，心情一下子沉重起来，最终到清晨也没睡着。

12 月 23 日（星期二）。傍晚，因为阿兰说要把我介绍给加西亚·马尔克斯③，所以就去了阿兰的公寓。说好是 6 时，稍稍过一点加西亚·马尔克斯来了。外表看上去和看了照片想像的相比，个子要稍矮一些。马尔克斯刚和我握手就问："你是狂人吗？"我回答说："是不是狂人我不知道，但这十几年来一直在做小丑的研究，因此想必和狂人也相差无几吧。"他说："好，合格！你以后就是我的好朋友。"接着和他热烈地谈论起我们都认识的朋友，有奥克塔维奥·帕斯、卡罗斯·福安，还有马里奥·巴尔加斯·略萨等等。比如，有关奥克塔维奥·帕斯，我说："奥克塔维奥尤其是在文学、艺术方面已经进入到了最深处，是最具有发言权的，但是一关系到政治，他总发表一些让我怎么也无法理解的没有意义的言论，令人莫名其妙。"众所周知，在学识上博大精深而且比较激进的奥克塔维奥对墨西哥共产党产生了厌恶，经常说一些令共产

---

① 马歇尔·萨林斯(Marshall Sahlins, 1930—)，美国人类学家。主要著作有：《历史之岛》、《文化与实践理性》、《甜蜜的悲哀》、《历史的隐喻与神话的现实》等。

② 路易·杜蒙(Loui Dumont, 1911—1998)，法国人类学界的代表人物，主要著作有：《等级人》、《论个体主义》等。

③ 加西亚·马尔克斯(Gabriel Garcia Marquez, 1928—)，1982 年诺贝尔文学奖获得者。主要作品有：《百年孤独》、《家长的没落》、《霍乱时期的爱情》等。

党感冒的话。之后，我们又从法国总统选举谈到知识分子的合作。因为加西亚·马尔克斯第二天要出发去巴塞罗那过圣诞节和新年假期，所以约定过了年再见面就告别了。

12月25日（星期四）。由于丹尼尔他们必须在今早之前完成下一年度研究经费的申请报告，所以讨论要延期到下午1时。傍晚，为了过圣诞节假期大家移动到了位于诺曼底迪耶普近郊的一个村子里的丹尼尔家的别墅。我必须利用这个假期消化一下送到日本去的稿子。

1981年1月3日（星期六）。我比丹尼尔先回到了巴黎。下午和长期住在巴黎的朋友田之仓稔①氏一起去了海报博物馆，观看比利时出身的海报画家加留的作品回顾展。他虽然不是一位才气出众具有个性的画家，可从1910年代开始一直继续着创作。展出的作品中有我非常喜欢的电影格奥尔格·威廉·派伯斯特的《亚特兰蒂斯》的海报，所以让我感到格外亲切。之后，就去了巴黎 Clignancourt 跳蚤市场。这个跳蚤市场到现在为止十年来我去过了无数次也没有察觉到，原来这里有一家由美国妇女经营的海报店，收藏了很多始于本世纪初的很不错的海报作品。标价都是十万以上的价格，基本上都是我买不起的，不过我知道在纽约好几家我常去的画廊，因此和她谈得很热烈。我奉承地说："你在海报界就像是西尔维娅·毕奇②那样的存在呀。"可是她却不知道毕奇是何方神圣。于是我就跟她说西尔维娅·毕奇是美国一位喜爱书的女士，第二次大战期间在巴黎经营了一家名叫"莎士比亚商会"的纽约式书店兼租借书店，那里曾经是许多文人经常聚集的场所，毕奇甚至还出版了乔伊斯的作品。但是好像她并没有什么反应，我这种过于热心的启蒙最后也终告白费了。

1月4日（星期日）。在歌剧院附近的"爱德华七世"剧场观看田之

---

① 田之仓稔（1938—），日本的戏剧评论家、意大利戏剧研究家。
② 西尔维娅·毕奇（Sylvia Beach，1887—1926），怀着对巴黎的怀恋在1917年从美国来到巴黎，并于1919年在塞纳河左岸开设了一家英文书店，专售英美文学书籍杂志。

仓氏和萨沙·吉特里①合作的《巴普提斯特》。曾经属于法兰西大剧院的罗伯特·赫斯奇扮演巴普提斯特，显示了雄厚的演技实力。巴普提斯特当然就是在马塞尔·卡内尔②的《天堂的孩子们》中让·路易斯·巴劳特主演的、19世纪前半期活跃在巴黎剧院的丑角让·巴普提斯特。这部剧目就是萨沙·吉特里以他为主角而编写的。故事是说，爱情破灭，甚至被妻子也抛弃了的名丑角巴普提斯特卧床不起，在失意中度日，他的一位当医生的朋友以威吓方式激励他，他一气之下想要再次登上舞台，但是无法掩盖他的衰老，便将丑角这个角色与一本《丑角秘诀》一起传给了儿子。故事情节充满人情味。我毫不吝啬地认同巴普提斯特是一位杰出的丑角演员，但对于因他而起的伤感性丑角的传统，却不敢恭维。不过，我认为丑角在19世纪前半期，包括了善良、凄惨、残酷，如果不承认早在弗洛伊德发现之前就有了"无意识"的舞台投影这一事实，恐怕是不公平的。观众几乎都是年纪大的人，其原因除了萨沙·吉特里的原作事实上就是为了引起人们的怀旧情绪之外，还因为这剧场被冠以"爱德华七世"之名，其形象与年轻人没什么关系的缘故吧。但是总觉得有点美中不足，不得不令我对年轻观众少而感到遗憾。回家后我给茱莉亚·克里斯蒂娃③府上打电话安排访谈的时间。

　　1月6日（星期二）。作为"文化中的排斥时间"正式讨论的一环，从晚上7时开始在高等研究院，丹尼尔报告了有关所罗门群岛中阿莱阿莱岛上的"疾病、死亡与农耕渔猎的神话式循环"。他将焦点放在了阿莱阿莱文化中，被诅咒的疾病形象随着上下文的移动是如何向积极转化并成为社会学的一部分的，对否定性的东西所具有的两仪的性格

---

　　①　萨沙·吉特里(Sacha Guitry, 1885—1957)，生于俄国圣彼得堡，在法国巴黎逝世，电影演员、导演、剧作家。

　　②　马塞尔·卡内尔(Marcel Carne, 1909—1996)，法国电影导演，1979被选为法兰西学院院士。主要作品有：《雾码头》、《太阳升起》、《夜间来客》、《天堂的孩子们》等。

　　③　茱莉亚·克里斯蒂娃(Julia Kristeva, 1941—)，法国思想家、精神分析学家、哲学家、文学批评家、心理分析学家、女性主义者。主要著作有：《符号学，关于符号分析的探究》、《诗性语言的革命》等。

进行了分析。

1月8日(星期四)。是丹尼尔有关"阿莱阿莱的空间概念"的报告。午餐时,正如后面所讲述的,雷蒙·詹姆斯告诉了我,卡洛·金斯伯格的两本书的译本同时出版了,我就去书店买书,通宵达旦地阅读《奶酪与蛆虫》。最近很少有这样令人兴奋的书了。

1月10日(星期六)。从前天开始有点发烧,身体欠佳,但是今天有赛尔吉·契匀卡索夫关于"东非诸王国的王权与双胞胎的社会学关系"的报告,所以去了高等研究院。契匀卡索夫论述说,双胞胎由于带有混沌的形象,因而成了以否定性的形式被驱逐出国境的仪式的对象,成为构成王权仪式的重要因素,成为了充实王权论的不可欠缺的象征。他的这种分析充分阐明了中心与边缘之间生动的关系,围绕在两者之间起着中介作用的双胞胎进行了探讨。赛尔吉·契匀卡索夫是俄罗斯移民的后代,非洲研究的人类学研究者,高等研究院的助教。据他说,受到了我的《竹弓族的两元论与王权》这篇论文的启发,刚写了一篇有关东非诸王权分类的论文。

1月13日(星期二)。下午1时半,去巴黎大学第七分校法语科研究室去拜访茉莉亚·克里斯蒂娃,和她进行了一个小时左右的访谈。克里斯蒂娃好像很忙,好不容易才为我腾出时间来的。因此,几乎没有时间进行杂谈。在进行访谈之前有很多的铺垫形式。比如和罗曼·雅各布森,首先是罗曼·雅各布森提出一起吃午餐吧,请我吃了午饭,然后要我告诉他提问的内容,所以又去了他的研究室,最后在雅各布森教授家进行访谈。就这样,尽管对方是一位非常了不起的大家,但还是能够在一起比较轻松地交谈。又比如奥克塔维奥·帕斯,两次被邀请到他在靠近墨西哥市中心的帕斯的公寓进行事先商讨,最后才有了访谈。每次商讨结束后又一起去画廊边欣赏画边散步,度过了一个非常愉快的下午(对谈都收录在《二十世纪的求知冒险》一书中,岩波书店)。

克里斯蒂娃是个态度温和的人,言谈举止一开始就给人以一种亲切的感觉(这和三个月前见到的苏珊·桑塔格[1]完全不同)。初次见面,作完自我介绍就说:"您的情况我很早就听说了。"让人的紧张心情一下子就安定下来。我把自己用英、法、西班牙文写的论文递给她,她浏览了一遍说:"我们的兴趣真的很相近啊。"我也应答说:"以前在您这儿学习的枝川昌雄氏(神户大学)也是这样对我说的,从那以后就开始专注拜读您的大作了。而在之前是因为觉得很难反正自己也读不懂,所以就一直敬而远之。"

虽然时间很短但谈得却很热烈。无论提什么问题克里斯蒂娃都给予了清晰明确的回答。比她书上写的内容要难以想象地直率得多,反映十分敏锐,一下子就抓住了我所提问题的意图。话题从米哈伊尔·巴赫金[2]开始一直到克里斯蒂娃写的《恐怖的力量》(1980年)。这本书我是几天前才弄到手阅读的,主体是有关对在文化中受到排斥的东西进行符号学分析。我说这本书的论点与我们这几年来通过民族志的素材一直开展的主体是并行的,希望今后能共同合作开展研究工作。这就好像是一个业余运动员向专业选手提出要在同样的条件下比赛一样,并不是没有感到难以启齿,但一个小时的时间一眨眼就过去了,反正旅行在外,言行出丑也无所顾忌了。

傍晚,从6时左右开始,再次在阿兰家正等着和加西亚·马尔克斯一起喝香槟呢,马尔克斯一个小时以后才来,说是因总统选举去见了社会党的总统候选人弗朗索瓦·密特朗。我告诉他,日本诗人、影像作家、剧团负责人寺山修司[3]两三天前从东京打来电话说准备将小说《百年孤独》改编成电影,然后又谈了十来分钟,约好为了下一次文学杂志和他进行访谈就告别了。直奔人类科学中心,雷蒙·詹姆斯的"摩洛哥

---

① 苏珊·桑塔格(Susan Sontag, 1933—2004),美国著名作家和评论家,主要著作有:《反对阐释》、《激进意志的风格》、《论摄影》、《爱滋病及其隐喻》、《火山情人》等。

② 米哈伊尔·巴赫金(Mihail Mihaylovich Bahtin, 1895—1975),苏联文学理论家,批评家。他的著作有:《艺术与责任》、《语言创作的方法问题》、《陀思妥耶夫斯基诗学问题》、《拉伯雷与中世纪和文艺复兴时代的民间文化》等。

③ 寺山修司(1935—1983),诗人、评论家、电影导演,是前卫戏剧的代表人物。

传统思想中的神秘主义与野性行为"的报告已经开始了。报告论述了有一个神秘教团的成员化作野兽兄弟俩进入一种疯狂的状态,将自身置于和伊斯兰教教规完全相对的状态,作为混沌与规则的中介再次获得神圣的权威。其中有与维克多·特纳所说的过渡性相对应的地方,伊斯兰世界还存在着这种可以说是远古的制度,规则与混沌生动地整合在一起,令人惊奇。讨论一直持续到近 10 时。

之后几个人一起去了丹佛电影院看了巴西电影。影片以巴西马牙州的非洲裔黑人文化为背景,描写了一位女子与嘉年华会上的精神领袖那样的男子结婚,当丈夫去世后马上又和同样是嘉年华会精神领袖的药剂师结婚,是根据乔治·阿迈多的小说改编的作品。作为电影来说未必可以说是杰作,但却是一个以中心现实(日常生活、白人文化、勤奋)与周边现实(嘉年华会、黑人文化、赌博)的问题为主题的作品,所以之前在秘鲁的里马已经看过一次了。不过影片制作本身什么时候去看都会令人感到很有趣。

1 月 15 日(星期四)～18 日(星期日)。除了有我的"竹弓族世界观中的女性"和萨希尔·巴罗的"东印度尼西亚凯伊诸岛驱赶疾病的仪式"两个报告之外,还有为了就"文化中的排斥原则"而进行的彻底的探讨,与四位人类学者及其家属一起躲在了位于诺曼底迪耶普近郊的丹尼尔家的别墅里。出现了对比较方法论持悲观态度的讨论,一时气氛凝重起来,让人感到这共同研究也要到此为止了。但最后随着丹尼尔和我将在序言部分所写的内容进行一条条的整理,围绕否定性事物的多义性问题,又出现了乐观的前景。

1 月 19 日(星期一)。再次回到巴黎高等研究院。意大利人社会科学学者莫瑞齐奥·卡塔尼提出让他也谈谈有关"排斥的原则",于是就做了题为"西班牙乌尔德地方的精神史地位"的报告。这地方土地贫瘠,成为路易斯·布努艾尔执导的电影《无粮的土地》的主题。这片土地自 16 世纪以后,从一直以来的孤立的关系中脱离出来为西班牙其他地方所知晓,同时又被拿来与新大陆的乌托邦进行对比,作为一个内在的野性之地而大肆宣传，一直被迫处于象征性极低的地位。卡塔尼对乌尔德地方的这一段历史进行了分析。我们的计划是以民族志为中心进行分析的，大家一致认为，无论从我们的这种立场或是从精神史的观点来看，这都是一个很有兴趣的主题。

　　1月21日（星期三）～22日（星期四）。离开巴黎经伦敦到达了牛津。用了两天时间在 Blackwell 书店购买了两百册左右的书，然后到伦敦，住在曾一起在墨西哥的墨西哥学院做过客座教授的同事约翰·哈里德家中叙旧。约翰是《与帕索里尼的对话》（波多野哲朗译，晶文社）一书的作者，是新左翼运动的主要成员之一。

　　1月23日（星期五）。离开伦敦飞东京。似乎日程安排得太紧令回国的行程太过急促，不过，那是因为旅行计划本身就是要赶在25日（星期日）我们这一代最具智慧杰出的编辑之一墙嘉彦氏逝世一周年纪念日之前结束的。墙氏活着的时候把我这种将即兴的孤独旅行者看作是求知的流浪者、尽情享受的人，无论是好是坏都定位在写作出版的世界，他是我们求知旅行中的好伴侣。因此，能够阻止我继续这种我行我素、不可阻挡的旅行（告诉我"不规则"这个词就是指目前没有一定的目的、信步而行的形式的也是墙氏）的也只有纪念墙氏的活动。说来，这也是一种缘分吧。不过，我想今后我的旅行一定会像巡礼朝圣那样，一面背负着对墙氏这样的人的回忆，一面继续前行。

五、探索边缘

　　有些著作和作者虽然之前从未读过或见过面,但是让我感到好像一直是与他平行地在另一条路上走着,有时候突然觉得大家旅行在非常相近的地方。我就在 1980 年 11 月到翌年 1 月的旅行中,遇见到了这样的著书。

　　1 月初的一天,与研究会的同仁进行了极为热烈深入的讨论之后,我和差不多有六位同仁一起去了巴黎街头的一家咖啡馆用午餐,边吃边聊着天。当时曾在摩洛哥进行过人类学调查的雷蒙·詹姆斯问大家,知道不知道卡洛·金斯伯格[①]著作的法文版两册同时出版了。意大利社会学者莫瑞吉奥回应到:"我读过意大利语版的,现在法文版也出来了吗?"我接着说:"去年在纽约和翁贝托·艾柯(意大利符号学家)访谈的时候,艾柯对金斯伯格也是赞不绝口。"这天下午,我原本是准备出席社会科学高级学术研究院的路易·杜蒙教授的讲座的,但因日程改变,于是就去了一家经常光顾的书店,买了两本书,一本是《奶酪与蛆虫——十六世纪弗留利地区磨坊主的精神世界》(1976),另一本是《夜间之战——十六、十七世纪的巫术与农耕崇拜》(1965)。我一夜未眠,

----

　　① 卡洛·金斯伯格(Carlo Ginzburg, 1939—),意大利著名历史学家,微观史学的先驱。著作有:《奶酪与蛆虫——十六世纪弗留利地区磨坊主的精神世界》、《夜间之战——十六、十七世纪的巫术与农耕崇拜》等。

一口气读完了《奶酪与蛆虫》，强烈地感到等待已久的历史学即将出现了。

《奶酪与蛆虫》主要是对异端者磨坊主麦诺齐奥（多莫尼科·斯堪德拉）进行了分析。麦诺齐奥出生于 1532 年，居住在弗留利山区一个叫做蒙特瑞阿勒的小村子里。他拥有两架风车，虽然算不上富裕，但也不能说是贫穷，属于市民阶层。1583 年，麦诺齐奥被以"传播反对教会的言论"的罪名受到了审问异端法庭的指控。如果是审问像乔达诺·布鲁诺①那样伟大的思想家就不得而知了，但是审判这样一个住在农村默默无闻的磨坊主的事件，不可能受到历史性瞩目的，因此有关审问他的记录，三百多年以来一直被遗忘在了教会文献资料室的角落里。金斯伯格坚持不懈地去挖掘并解读与这件事情有关的资料，再现了埋藏在历史深处惊人的面目。

麦诺齐奥虽然是笃学之士，但同时也因不屑教会权威，讥讽和批驳司祭而闻名。他在日常生活中被认为是某种言行怪状的人，是个奇异之人。这一点从他被捕之后周围人的证词中也可清楚地看到。

一开始教会的法官蔑视麦诺齐奥，称他为"诡辩的乡巴佬"，但是在审理过程中麦诺齐奥的世界观渐渐明朗化，使得法官也感到胆战心惊。事态变得让担任审判的人士难以应付。从麦诺齐奥的背景中我们可以看到下面几个现象：

（1）他肆无忌惮地公然声称："就像奶酪中生出蛆虫一样，天使也是产生于上帝这块原始奶酪的蛆虫。"

（2）构成他思想背景的似乎是比宗教改革更古老的扎根于民间信仰的农民式激进主义。

（3）在他的思想里，似乎尼古拉·达的影响很深。据说就是尼古拉·达将《Decameron》和《zanporo》这些描写小丑表演地狱恶魔和嘉年

---

① 乔达诺·布鲁诺（Giordano Bruno，1548—1600），意大利杰出的思想家，唯物主义者。1584 年他在伦敦出版了《论无限宇宙和世界》一书，宣扬哥白尼的太阳中心理论，并阐明宇宙无限的思想。1600 年被宗教裁判所活活烧死。

华会的狂欢场面的书借给他的。

(4)他读过的书中有曼德维尔的《东方旅行记》(大场正史译,平凡社)和意大利文的《古兰经》,这些都成为促使他的思想表现出来的催化剂(包括其他书,已知他读过的书有十一本,金斯伯格仔细地追踪着这些书是通过什么途径到麦诺齐奥手中的)。

(5)通过《曼德维尔游记》对世界各地荒唐无稽的事情的记述,麦诺齐奥了解到自己居住的基督教世界并非现实世界的全部。也就是说,麦诺齐奥同18世纪的让·雅各·卢梭①和德尼·狄德罗用"善良的野蛮人"的形象将西欧相对化一样,使用了人类学思想。麦诺齐奥通过曼德维尔已经知道世界上有侏儒了。

(6)麦诺齐奥受到指控是天主教教会两大斗争中的一个极端的表现。即教会一方面对宗教改革进行斗争,同时也挑起了对大众文化的争端。

(7)麦诺齐奥以比基督教更先走在时代前面的民俗世界观为主轴,将阅读过的异教书籍中的内容完全按照自己的方式进行改变后,建立起独自的世界观和宇宙形成理论。

根据他的宇宙形成理论,说远在太古时期,宇宙处于混沌状态,上帝就像是生长在水中的物质来到外面一样,是从混沌状态中自然而然地产生的,没有混沌就没有上帝,上帝总是与混沌共存的。(完全与圣经神学的宇宙形成理论形成了对立,让人觉得反而与中国神话中盘古开天的故事比较相近)。

(8)对于天使是怎样产生的这个问题,麦诺齐奥做出了惊人的回答,说:"天使就像蛆虫是从奶酪中产生出来的产品一样,是自然以世界最完整的物质为基础创造出来的。"金斯伯格推断,麦诺齐奥关于宇宙形成理论的观点与阿尔泰各族游牧民的观点极为相近,两者之间说不

---

① 让·雅各·卢梭(Jean Jacques Rousseau,1712—1778),法国著名启蒙思想家、哲学家、教育家和文学家,是18世纪法国大革命的思想先驱,启蒙运动最卓越的代表人物之一。

定存在着精神的原始层相通的本质共通现象。这在金斯伯格的另一部著作《夜间之战》的主题"本南丹蒂（Benandanti）"中也有阐述，说本南丹蒂是有着以巫术为基础的祭礼的一个秘密结社，这个结社已经扩大到了弗留利地区，而这一事实也可以证实这种本质共同的现象（关于这一点后面还要再作阐述）。

（9）麦诺齐奥所属的是深层文化，似乎是一种与表面的文字文化不同的文化层次。但是，宗教改革给与了这种深层文化一个表面化的契机，不用说，这就是通过印刷技术、读物得到了普及。

（10）金斯伯格推断，在麦诺齐奥有关的上帝、基督的认识中，反映了被加尔文处以火刑烧死的文艺复兴时期神学家米歇尔·塞尔维特的《论三位一体之谬误》。

（11）麦诺齐奥认为天堂是庆典的场所，说他认为的"新世界"就存在于那种庆典祭祀的延长线上。麦诺齐奥有关"新世界"的这种印象被认为是与口传文化所传承的古老的神话记忆联系在一起的。

（12）这种口传文化应该说是一种扎根于遵循自然规律的认识和礼仪之中的农民宗教。而这种自然规律要比基督教更先走在时代前列。

（13）在审判的过程中，村里的人对麦诺齐奥所表现出来的敌意并非与麦诺齐奥是个磨坊主这一事实无关。在村里人的眼中，磨坊充满了罪恶，认为磨坊主是强盗是骗子。像旅店一样，风车小木屋聚集了形形色色的人，是各种各样知识的集散地。风车小木屋的主人与旅店老板、酒馆老板或者走街串巷的工匠等等一起，是一群受到新的知识启蒙的存在。

除此之外，还有这样一些事实：风车小木屋位于村子偏僻处，方便用于秘密会合。的确，这些事实使得磨坊成为一种脱离了村子、社会的存在。就是说，风车小木屋成了一种具有挑衅性的边缘空间，是知识"交易的中转站"，麦诺齐奥也是属于这种空间的一个"奇异之人"。正如阿部谨也氏在《刑吏社会史》（中央公论）中阐述的那样，也可以说磨坊主与让人感到恐惧又惹人嫌恶的边缘人形象完全重叠在一起。

（14）关于麦诺齐奥按照独自的想法构筑起的对世界的看法，它一方面扎根于在基督教文化中已经丢失了的最古老的民间文化之中，另一方面又与 16 世纪的知识精英文化最先进部分相对应。有一点已经是越来越清晰了，就是西欧精英文化的大部分都源于中世纪以及中世纪以后的民间文化（正如巴赫金所指出的那样，拉伯雷①或者勃鲁盖尔并不是与众不同的例外）。

（15）在金斯伯格所说的有着"在地下水脉中丰富交流"的、拉伯雷生活的那个时代之后，教会在农村大势开展起教化宣传活动，与此同时，开始加强对巫女的审判，对流浪汉和吉普赛人那样的边缘集团严加管理。而对麦诺齐奥异端的判决其实正是压制和根除这种民间文化的一种征兆。

我不可能在有限的空间里将审判麦诺齐奥过程中的对话详情再次重现，但在这里想要表达的是，金斯伯格为了构筑麦诺齐奥本身所属的世界而尝试进行的求知旅行，事实上已经把我们带进了历史所隐藏的相当深层的部分。

他告诉我们，在基督教世界观的深处，仍然生存着与其相异的、可说是民间文化的原始部分。这是建立在独自的宇宙观之上的，与庆典祭祀、嘉年华会文化戚戚相关的，近似于一种所有时代的想象力的源泉。这种宇宙观在跨越欧洲大陆的传播中，与阿尔泰各民族的巫术世界共同享有着一个根源。

可以说金斯伯格是在麦诺齐奥之中摸索到了历史的表层（统治制度）与深层（民间的想象力）的相交点。这是米哈伊尔·巴赫金从文学史家的视角以拉伯雷为起点而进行的尝试，也是巴伯在《莎士比亚的祭祀喜剧》（玉泉八州男等译，白水社）中所论证的目标。我在《小丑民俗

---

①　弗朗索瓦·拉伯雷（Franois Rabelais，1493—1553），法国文艺复兴时代的伟大作家，人文主义的代表。主要作品有《巨人传》五部。

学》中所进行的尝试（求知的旅行）也是意在使得从宇宙论层次的彼岸浮现出来的历史深层更加鲜明。为了确立历史人类学的方法，这样的观点本来是不可或缺的，但不可思议的是对我国的社会史表示兴趣的人们似乎反而缺乏这种视点。

话虽如此，金斯伯格在另一部著作《夜间之战——十六、十七世纪的巫术与农耕崇拜》中对本南丹蒂教团的分析里，通过惊人的资料搜索，再现了麦诺齐奥所属世界的扩大。他弄清了，在被作为玩弄妖术的巫女而受到审判并被不分青红皂白地埋葬了的群体中，也包括了不是巫女而是体现了完全不同性质的宗教表象的团体。

而影响一直扩大到了威尼斯以北弗留利地区一带的本南丹蒂祭祀结社就是其中之一。这个结社的成员通过进入神灵附体状态，呈骑马姿势或者借助狼、蝴蝶、鼠等等的形态，就到了另一个世界，保护麦种从而带来了农田的丰收。另外，还说本南丹蒂结社的成员能够在深夜把死者排成一队，故说他们具有预言或幻觉能力。

在审判巫女的过程中显现出来的仪式传承当中包括有月亮女神黛安娜与随从们的队伍。还有的时候据说是日尔曼的霍尔达女神代替这些异教的女神站在了队伍的前头。霍尔达女神是掌管植物繁殖也就是丰收的女神，担任被称作"荒野猎人"的队伍的向导。我也曾在《小丑民俗学》中作为即兴喜剧阿乐金的原型对此展开过论述。构成队伍的群像犹如亡灵信仰的情景一般，年轻夭折的灵魂（荒魂）乘着黑夜在村子小巷成群结队地徘徊着，是一群难以形容的恐怖的异形群体。这些队伍经过的时候，村里的人们都惊恐万状吓得浑身打颤，紧紧拴上门祈求上帝保佑。

这种传承是由以下几个要素构成的。

（1）四旬斋日黛安娜女神与死鬼群体的游行。

（2）进入神灵附体状态的女性去遥远的地方旅行，寻找遗失的东西。

（3）依附在动物身上的灵魂，就像前面已经讲过的那样，以狼等动物的外形与损坏农作物的恶魔进行战斗并打败它。

这些传承从被神职人士告发、巫女受审的记录背后浮现了出来。

作为(1)的背景,金斯伯格推断其中存在着以女性为中心具有附体本领的团体。而据说这个团体的成员在四旬斋日的星期五与星期六会短时间灵魂出窍,在昏睡状态中灵魂离开了身体,加入到由女神引领的百鬼夜行队伍中去。

这种百鬼夜行故事的流传遍及整个欧洲地区,特别是 1091 年奥德里克斯·维塔利斯①在《教会史》一书中写下的见闻引起了人们的注目。其中是有维塔利斯看到哈利·奎恩家族②的记述,但这大概是米哈伊尔·巴赫金通过德里森的《哈利·奎恩的起源》(1904)看到的吧。巴赫金在《拉伯雷及其时代》一书中谈到了有关阿乐金(哈利·奎恩)的起源(因此在我的《小丑民俗学》中也有关于奥德里克斯·维塔利斯的论述)。

从结论上来说,金斯伯格认为,以本南丹蒂教团为舞台而展开的可以说是神话性质的仪式起源于巫术与农耕仪式,是在基督教进入之前,以巴尔干到斯拉夫这一广泛地区的文化为背景而形成的。

金斯伯格从作为受到审判的巫女而被不分青红皂白地埋葬了的那些人的记录中弄清楚了一个事实,即被埋葬的未必都是蒙受冤屈的牺牲者或是呈现歇斯底里状态的迷信之辈,还包括了那些继承了前基督教时代独特世界观的、按照自然的规律生活的人们,从而成功地使得沉淀在历史底层的部分重见阳光。

对于《奶酪与蛆虫》的中心人物麦诺齐奥的背后世界,可以说在《夜间之战》中已事先进行了探讨。当平庸的历史学家在梳理政治·经济史的表层部分的时候,金斯伯格将焦点集中到了历史深层的、可说是非

---

① 奥德里克斯·维塔利斯(Ordericus Vitalis,1075—1143),英国编年史学家。《教会史》(Historia Ecclesiastica)是其由拉丁语撰写的。

② 哈利·奎恩(Harlequin),意为意大利、英国等国喜剧或哑剧中剃光头、戴面具、身穿杂色衣服、手持木剑的诙谐角色、喜剧角色。

时间性的部分，指出了表层的（教会权力的）历史时间是以压制这种深层的民俗性想象力的形式展开的。

就像多次强调的那样，在我们现在这个受到信息过多困扰的时代，一成不变的求知形式是不可能存在的。如果说求知是以积极的形式存在的话，我认为那一定只有在将不可视的现实转化成可视的现实的工作过程中才会存在。如果想要让知识稳定在一个安定的教养体系中，通过依样画葫芦的重复，来维持求知活动的话，那么在我们日常生活的现实中越来越难办到了（当然我是非常欢迎这种情况的）。

金斯伯格所开拓的世界，已经展现出了充分的力量去探视历史的可视性部分的背后（谷川氏所说的"由光明到黑暗"）。在这一章里我所做的尝试目的在于，就像巫师在天空飞翔那样，通过求知的旅行来勾画出这个世界的立体全景。

六、旅行轨迹

　　金斯伯格在《夜间之战》的序文中把他这本书定义为："关于民间信仰整体形象的历史分析"。我在本书中，沿着我个人求知旅行的轨迹，不怕被人非难说是自我表现，敢于公开自己内心世界。金斯伯格也以同一种方式，将自己展开课题的心理路程在两本书的序文以及附录在《夜间之战》之后的与丹尼尔的对谈中做了讲述。

　　金斯伯格认为有关巫女的独断专行的理论是 13 世纪到 15 世纪，审判异端的法官与神学学者一起将一点一点捏造出来的有关恶魔使用妖术的理论通过拷问强加给了牺牲者的结果，并且还被普遍化了。这样，通过对遗留下来的不完整的、零乱的记录进行读解，金斯伯格弄清了以下的事实：即本南丹蒂教团的仪式是为了祈求以独自的世界观为背景的丰收而形成的巫术性仪式。但是，在审判的过程中，本南丹蒂教团却被看作是这种仪式的敌人，受到了与本是该教团敌人的、破坏庄稼地的恶魔同样的对待。

　　玛格丽特·默里①女士提出了不该把巫女们的自白看作是迷惘的产物，而该看作是基督教以前庆祝丰收仪式的残留的说法。我也在

---

　　① 玛格丽特·默里（Margaret Murray，1863—1963），英国著名的民俗学家。她在 1921 年出版的《西欧的异教巫术崇拜》（*The Witch Cult in Western Europe*），一书对巫术的历史进行了一次激进且具蛊惑力的重新诠释，颇具影响力。

1960 年前后这一段时期内连续阅读了默里女士的《西欧女巫的信仰》(1962)以及其他著作,最后甚至还阅读了她的日记。金斯伯格虽然也认为默里太过相信后记的裁判自白(混乱的证词)了,但也表明了批判地继承默里学说的立场,指出从巫女、特别是 13、14 世纪的自白所讲述的仪式行为中,可以看到极其古老时代的庆祝丰收仪式的影子。当时的社会人类学界将默里看作是弗雷泽那样只是坐在扶手椅子上做学问的人类学者而完全置之不理,而我也对这一事实害怕起来,急急忙忙地丢弃了默里,不再当她的读者。

金斯伯格虽然指出必须警惕从有关弗留利地区的实证性研究中推导出一般论,同时也认为应该把弗留利地区的事例作为实现最终研究的假说来使用。他的研究范围也包括了要澄清这样一个事实,就是巫女审判已经通过压抑和歪曲民间世界观的过程在历史进程中扎下了根。

使我感到吃惊的是,金斯伯格在为了揭示隐藏在历史背后的世界而进行的求知旅行中作为路标使用过的那些书,竟然同我在远东的求知后进国,与金斯伯格毫无关系地平行进行着的、持续了很长时间的独自旅行的情况很相似。金斯伯格通过麦诺齐奥所接触过的古典书籍的一览表,与麦诺齐奥的古典相遇,然后重新构成了作为跨领域的求知旅行的路线。与他的情况相似,我也举一下自己的例子吧。

安东尼奥·葛兰西①**的《文学与国民生活》(1950)**。我想金斯伯格的对民间文化的兴趣及其方法论很大程度上受到了葛兰西的影响。在《奶酪与蛆虫》序言的注释中,清晰地显示了金斯伯格使用了"下层文化"这个葛兰西的用语。他说自己完全没有想过要给"下层"这个词赋予等级意义上的低级的语感,之所以用"下层文化"这个词,是因为这个词足以覆盖已经充分地扩展了的现实。就我个人来说,1956 年左右,

---

① 安东尼奥·葛兰西(Antonio Gramsci, 1891—1937),意大利共产主义思想家,意大利共产党创始人之一。著有:《葛兰西选集》六卷、《狱中札记》、《现代君主》、《法西斯与共产主义》等。

我在历史学家石母田正氏的影响下,考虑着是应该继续历史学的学习呢,还是应该转向具有更广泛概念结构的领域。正处于犹豫不决的时候,偶然在一家苏联问题专门书店买到了葛兰西的短篇文集《文学与国民生活》,我被对戏剧和民俗文化表示出强烈兴趣的葛兰西的这部书深深迷住了。记得买了这本书以后,暑假里我经常去日意友协听讲座,如痴如醉地阅读着这部。当时,我国的有党派知识分子虽说也是民众,实际上对民俗文化真正感兴趣的人几乎没有,所以周围没有任何人可以一起谈论有关葛兰西在这些方面的看法,正因如此,葛兰西的东西确实令人感到清新。

艾尼斯图·马蒂诺①《咒术的世界》(1948)。在关于《夜间之战》的访谈中,金斯伯格谈到,刚开始他不觉得自己能在当时的意大利历史学界成为一个真正的历史学者,感到自己完全属于被排挤在角落里的存在。而就在那个时候,他读到了艾尼斯图·马蒂诺的《咒术的世界》,这对他来说是一件极富戏剧性的事情。艾尼斯图·马蒂诺对于意大利民俗想象力的分析(这虽是基于迷信、俗信的分析,但只限于以一个不同的世界图像为前提)是继葛兰西之后,让我着迷的书。尤其是书中附载的论文对新人性观的考证,指出必须把感到自然的怪异现象是实际存在事物这种感性放入以理性为分析对象的世界里,这一观点引起了我的共鸣。我自己也把这种共鸣写进了题为《文化与疯狂》(《新编·人类学的思考》所收)的论文中,但我觉得金斯伯格是朝着以探索作为基层文化的民间世界观的方向发展。不过,我们两人都一样对葛兰西的民俗文化感兴趣,而且在 1958 年左右的求知环境里,在我的周围找不到任何朋友一起可以一起谈论艾尼斯图·马蒂诺。到了后来,也只有在意大利留学过的谷泰氏和我谈论过马蒂诺的这部著作。

如此这般,正如麦诺齐奥通过曼德维尔的《东方旅行记》等找到了

---

①   艾尼斯图·马蒂诺(Ernesto de Martino,1908—1965),意大利哲学家,宗教历史学家。

跨越并远离天主教精神世界的线索那样,金斯伯格也是通过葛兰西和马蒂诺开始制定并踏上了求知旅途的前进道路的。当然,我则比他具有优势,因为我手头掌握了柳田、折扣民俗学那样的武器库。

马克·布洛赫①的《咒术王》(1961)。金斯伯格对于出现起诉者的表层历史时间与扎根于民间世界观的深层历史时间的兴趣,和对于年鉴学派的长老级人物费尔南·布罗代尔②所说的短波段的持续性与长波段的持续性这两个历史时间的兴趣,是重叠在一起的。要看出这一点,我想也不是什么难事吧。事实上金斯伯格提及了布罗代尔的长短周期的历史时间,另一方面他又说其实"这才是自己本该走的道路",但自己真正感兴趣的还是"急速的运动与有意识的改变以及缓慢的无意识的事物相汇合的地点"。还说,在这一点上对他起了决定性影响的,与其说是布罗代尔,倒不如说是马克·布洛赫的《咒术王》。

在日本学界有这样一种倾向,一般提起马克·布洛赫,大家就只知道他是《为历史学辩护》(赞井铁男译,岩波书店)与《法国农村史》(河野健二译,创文社)的作者。记得在1960年左右,可能是因为我正在研究非洲王权的缘故吧,马克·布洛赫的有关那位具有治病能力的国王的研究给我留下很深刻的印象。王权不仅仅作为一种政治权力而成为一个世界的中心,还是因为其具有象征性的统治宇宙的能力,是因为其有力量去戏剧性地表现这种能力,使得一个世界充满活力。这种观点在之后也成为我有关政治组织研究的基础(对于在某书评中声称王权问题早就在历史学得到了解决的历史学者而言,个中原委曲折是怎么也不可能理解的吧)。因此,就对于马克·布洛赫感兴趣的现实状况而言,虽然我并没有打算要戏剧性地去进行夸张,但我的孤立或许可以说

---

① 马克·布洛赫(Marc Léopold Benjamin Bloch, 1886—1944),法国历史学家,专治中世纪法国史,年鉴学派创始人之一。主要著作有:《封建社会》、《法国农村史》、《史学论文集》等。

② 费尔南·布罗代尔(Fernand Braudel, 1902—1985),是法国历史学家,年鉴派史学的第二代代表人物。主要著作有:《地中海与菲利浦二世时代的地中海世界》、《15~18世纪的物质文明、经济和资本主义》等。

正好与金斯伯格是对应的。在对待葛兰西的情况上也一样。这种与通用的社会科学范例的分歧,促使金斯伯格跨越了界限,如果说或许这也把我带到了前人未曾涉足过的荒野,可能有点自吹自擂了吧。

米哈伊尔·巴赫金的《弗朗索瓦·拉伯雷的作品与中世文艺复兴时期的民众文化》(川端香男里译,SEKARI 书房)。接下来就是与米哈伊尔·巴赫金的相遇。金斯伯格在《奶酪与蛆虫》的序言中对巴赫金在《拉伯雷》中提出的问题作了如下概括:

> 在巴赫金所描绘的文化中心里,出现了嘉年华会狂欢的情形。这种狂欢就是祈求年年五谷丰登之类的神话与仪式的空间,就是颠覆所有现在价值观的狂欢喧闹,就是打破时间的要素与再创造的要素同时涌现出来的宇宙感觉本身。……在这个时期,存在着犹如地下水源的文化与统治性文化这两种文化,但同时,尤其是在十六世纪前半期,两者又以明显的形式相互影响着。

我与巴赫金的《拉伯雷》相遇是通过英译版本,所以要比通过法文译本第一次接触到巴赫金的金斯伯格还早两年。我是 1969 年的初夏,在神保町的洋文书店偶然买到的。为了买这本精品著作,我可以千里迢迢不辞辛劳,但是有时候只要往岔道挪动一小步就可以飞翔在求知的天空了,与这本书的相遇就是一个例子。这家洋文书店以进口英文书籍而闻名,所以一般来说,人们要寻找法国文学的书是不会到这家书店里来的。这家书店中左侧的一个小房间,当时摆了不少莎士比亚以及文学批评等的书籍,在一直延伸到中间位置的莎士比亚专柜背后,放着一些关于西欧各国的英文书。在这书架的下面是有关法国的书籍,这位平时很少看到的作者巴赫金的《拉伯雷》就摆放在其中。

当时,《文学》杂志正在连载我的《小丑的民俗学》,与这本巴赫金的《拉伯雷》的相遇,对我而言真是雪中送炭。巴赫金认为以拉伯雷的狂笑为中心的想象力世界是以嘉年华会庆典祭祀世界中宇宙转换的构造为背景的。巴赫金的这一观点与我想以小丑为最有效的工具去开拓的设想真是不谋而合,我自己也信心十足,感到这工具也一下子坚韧了起来。当然,巴赫金的大名,我曾在某个地方听到过的,再在书架上一找,看到了新谷敬三郎氏翻译的《论陀思妥耶夫斯基》(冬树社),于是我知道了巴赫金这名字在俄罗斯文学的专家们之间并不陌生。通过我的推荐,马上有一家出版社答应翻译并出版,而且当时在《中央公论》编辑部工作的、我的求知旅行中最可信赖的伴侣(我认为编辑就是这样一种存在)之一,已故堣嘉彦氏还拜托了川端香男里氏撰写文章介绍有关"巴赫金的研究",因此巴赫金的研究世界一下子就人所皆知了。在文学理论上巴赫金的嘉年华会式的想象力以及怪诞的幽默已经成为大江健三郎氏最为积极展开的研究主题之一。1979 年,秘鲁作家马里奥·巴尔加斯·略萨①到访日本的时候,在和我的对谈中,他说到他读的也是法文版的巴赫金,他受到了很大启发,还成功地将其推荐给西班牙的一家出版社翻译出版了。

　　这样,曾经认为自己是独自一人在旅行的我,由于自身也参与其中的求知兴趣的流向产生了变化,一路过来和各种各样的旅人相遇。当然,到现在我还未曾与金斯伯格见过面,但要是见了面我想他大概会对我说:"你一直以来所做的工作与我所关心的很相似呀!"正如在前面叙述过的那样,在这次旅行中与茱莉亚·克里斯蒂娃邂逅的时候,她浏览了一下我交给她的英、法、西三种语言的论文后对我说的就是这句话。她也是以巴赫金的论述为有力武器进行理论性展开的。她是 1966 年在法国最早论述巴赫金的学者(《语词、对话、小说》,《符号学,关于符号分析的探究》所收)。她说俄文版的巴赫金著作只有她从保加利亚刚来到法国的时候带来的那一册了。

　　到目前为止,一路叙述过来,我发觉自己是把金斯伯格在历史学中

---

①　马里奥·巴尔加斯·略萨(Mario Vargas Llosa,1936—),拥有秘鲁与西班牙双重国籍,是拉丁美洲著名作家及诗人。主要作品有:《城市与狗》、《绿房子》等。

的深层求知旅行和我个人在历史学中的深层求知旅行在进行对比。两人所感的兴趣殊途同归聚集到了一个共同点上。而这一点不是别的，就是边缘性。就我而言，在求知旅行的过程中随着多次重复性的越界行动，逐步走向了出现边缘问题的地点，而金斯伯格则是从更切身的动机出发，走到了相同地方的。

关于选择巫女这个课题的动机，金斯伯格在对谈当中说："选择巫女这个课题未必可说是有意识的行为。因为我是犹太人后裔，而且还与我对种族迫害有着极为深刻的记忆有关。"当问到："那可确确实实是一种与边缘性的邂逅吧。"他回答说："的确如此。我想现在这层关系好像已经完全清晰了。而且因为过分地清晰了，很长时间甚至连我也都没有察觉到。所有这些还可以用来说明我为什么不是只对审判巫女进行分析，为什么决意要弄清楚的不是有关迫害者而是有关被迫害者，不是法官的文化而是巫女文化。"

从金斯伯格的这个名字我就已经知道他是犹太人，但是他的求知激进主义就好像把我在《犹太人对知识的热情》（收于《书的神话学》，中公文库）中论述的观点以实际再现的形式表现了出来，确实使我不得不感到吃惊。

这位 1939 年出生的非同寻常的历史学家，当他在 1959 年左右即将踏上求知旅途的时候，所处的环境究竟是怎样一种状况呢？他说，课题的选择包括一些无趣的问题可能事先都已经决定了。从有意识这个层面上来看，他说："放眼望去，面临的几乎都是被认为是非时间性的难题，而我则希望把这些难题纳入历史学的范畴中去。"他敢于挑战的不是去割舍"带有非合理性的现象"，而是自始至终在理性的范围内进行分析。1955 年左右，正是我阅读了格奥尔格·卢卡奇①的巴尔扎克论和现实主义论而感到索然无味的时期（当然后来读到了卢卡奇早期的

---

①　格奥尔格·卢卡奇（Georg Lukacs, 1885—1971），出身于匈牙利布达佩斯的哲学家、政治家、马克思主义者。主要著作有：《心灵与形式》、《小说理论》、《表现主义论争》等。

论文集《心灵与形式》,感到与当时粗糙的文学论完全不同,十分纯朴)。金斯伯格也叙述说:"自己当时阅读了大量的卢卡奇的著作。对自己而言,无法接受他反对陀思妥耶夫斯基和卡夫卡(因为两位都是自己非常非常尊敬的作家)。"

这十几年来,我顾不上别人说我老是纠缠不清地一直追踪着小丑与非理性的问题。这是因为,这个课题绝不是众多课题中的一个,而是它提供了探索 17 世纪以来西欧的理性主义所掩盖的意识中另一个(或者是背后)隐藏着的世界的模式。有教养主义做后盾的求知生活的旅行确实是一个描绘看得见的世界表面的手段。但是,我认为它几乎不可能为打破了所有求知模式以后再重新建立背后世界提供蓝图。金斯伯格应该是通过陀思妥耶夫斯基和卡夫卡的文学才使得自己这种探索历史学背后世界的感受性,也就是"探访灵魂黑暗的努力"(谷川俊太郎),得到了历练。而这种历史学的背后世界就相当于一种求知的迷宫。

一位具有远见的历史学家所不断开拓的展望,至少应蕴含了促使我们认识世界的观点产生某种转变的东西,而这些与我们在这十数年来通过努力而描绘出来的求知世界的蓝图相呼应的部分,有不少应该已经得到了认可。现在来看或许并不那么新鲜的种种观点,但是从把经典变为有可能产生出这些观点的感受性这个视角来看,也应该可以说是求知旅行的一种新的模式。

旅程之末

　　求知的旅行是不可能有终点的。现在我正在列车中写这本书的终结部分。我又开始了奔赴歧阜县本巢郡根尾村对那里的小正月进行民俗调查的旅行。追溯到最遥远的开始或许正是接近尾声的地点。

　　通过这次旅行，我们不认为求知就是如果掌握了某种知识就有可能给我们带来些许利益。同时，也不认为求知就是一种把知识通过从西欧走私进来去吓唬他人的技术。如果一定要说的话，或许我们是想要把求知理解成一种为了解开"困惑"的技能。

　　我已经多次强调，我们并没有把求知与知识重叠在一起来理解。知识或许是导致求知的准备工具，但是倒不如说我们认为求知存在于换置这种工具配备的技能之中。作为工具及家具或者舞台装置之类的东西，如果在我们生活的空间都配备齐全的话，那么在我们准备这些工具的时候就可有能存在两种形式：一种是从各种角度对工具或家具进行测量，然后综合测量的结果把它称之为"知识"的行为。被称作"经验主义"的对待现实的态度就是以这种技能为前提而形成的。相对于此，还有一种形式就是，尝试着将一个物体换置在与之不同的关系中，这时，之前一直隐藏着的部分、只不过是影子的部分就显露出其姿态来，因此感觉很新鲜。我们借用谷川俊太郎氏的话来讲，就是要把这种行为看作是"求知"来开始我们的旅行。所谓"旅行"，或许可以说就是这种配置转换的技能。房子也好树木也好，我们看惯了的一切物质只要被换置到不同的环境里，就会表现出不同的样貌。我们不是造化之神，所以不可能将所有一切的事物进行换置。因此，通过移动我们的身体，就能够实现在不同的环境里观察各种各样的事物了。西行①的旅行和芭蕉的旅行还有菅江真澄②的旅行，或者空想当中旅行、也就是约翰·班扬③的《天路历程》中的旅行，《巨人传》中的班努赫鸠的地狱之旅，钱拉·德·奈瓦尔④的东方之旅，所有这些旅行，或许可以说都是有可能接近事物，并进一步通过事物接近世界，甚至延伸到这世界背后的世界的求知技能。人们通过诗或哲学的省视、文学、绘画以及其他的所有表现技巧，来表现从这种旅行中带回的土产礼物。由此引导出了所谓求知就在于旅行过程本身这一观点。用另一种说法来表现的话，一般称之为"知识的生活"的行为与我们称作"求知"的行为好像重叠在一起，但又并不完全重叠。所谓"知识的生活"就像是用金钱能够买到的、被固定包装起来的室内装饰那样，就是指学习掌握知识。相对而言，"求知"则是与以世人的目光看来是优雅的东西脱离关系，从此行为开始的。能够客观地论述的，曾经一直用"教养"这个词来表现的所谓客观存在"知识"的结构形式，或许就是用"范例"这个词就可简单地打发的幻影。

　　我们把这些换成戏剧舞台来进行说明的话，"知识的生活"的舞台装饰多，而且这些装饰作为一成不变的东西稳稳地安置在舞台上。虽然给住在那里的人一个框架，但是那里却没有与居住者的精神进行的对话。然而，数年前我在纽约的林肯中心看到的布莱希特与库尔特·威尔的《三分钱歌剧》（理查德·福尔曼演出）中的舞台装置，每隔两三分钟就根据不同的出场人物不断地变换。对待这种装置的认识是根据这样一种观点，即现实应该是根据气氛的变化不断地承受改变，因此装

----

①　西行（1118—1190），平安末期镰仓初期的著名歌人，俗名佐藤义清，23岁出家，一生基本都在旅行中度过。
②　菅江真澄（1754—1829），江户时期日本国学者，旅行家，著有《菅江真澄全集》。
③　约翰·班扬（John Bunyan，1628—1688），是英国文学史上著名的小说家和散文家。
④　钱拉·德·奈瓦尔（Gérardde Nerval，1808—1855），法国著名作家，浪漫主义诗人的代表人物之一。

置必须随着这种变化,不停地接受改变。通过这种改变,装置在作为一个整体所唤起的形象中,不断地将潜在的部分表现出来。这些表现出来的部分通过演员不断地创造出关于"现实"的新模式,并把它带给观众。我们一直把"求知"这个词当作一个过程,并使用"旅行"这个暗喻进行了说明,而这些说明的内容正是这种精神的活动。旅行当然是一种暗喻,因此,移动身体的旅行虽然是"求知"旅行的动因,但不是完美的条件。有时即使身体移动了但并没有伴随精神上的移动,"求知"的行为就启动不起来。相反,不伴随身体移动的精神旅行这种"求知"行动的例子却是不胜枚举。其结果,是选择外出"旅行"还是不出去,或许要从你是期望让环境固定下来还是希望环境处于流动状态这两个方向中去选择了。

我与这本书的共同作者中村雄二郎的相遇说来也奇,就是这本书中所提及的,是在 1968 年我从西非返回日本的旅行中。他是攻读被认为是"求知"中心的哲学专业的,而且之前又一直旅居在被认为是"求知"中心之一的巴黎。为进行被认为是"求知"的边缘部分的人类学的调查,一直旅居在"边缘"之地西非内陆地区的我,从在大使馆偶然读到的日本报纸的信息栏中知道了中村氏将在巴黎逗留一年的消息。中村氏在《〈思想〉的思想史》一文中为日本描绘出了一幅从战前到战后求知的精彩蓝图。归途中来到了巴黎的我向大使馆打听到了中村氏的住所,于是就去登门拜访。我曾在《小丑民俗学》中提到有位叫做 N 氏的哲学家给我介绍了意大利的 Piccolo Teatro 小剧场,这个人就是中村氏。我向中村氏介绍了竹弓族的世界观以及对其周边各部落的葫芦装饰设计的分析等等。当时,结构分析如燎原之势遍布了"求知"的领域,但是中村氏立刻就发现了我的视角与结构分析的方向属于并行关系,这让我感到很吃惊。说实话,尽管我与他之前未曾谋面,但之所以想要去拜访他,是因为在我的研究领域里,属于中村氏这一代的人对于我这一代人的"求知"风格表现得毫无兴趣,这使我感到有些焦虑不安。通过中村氏,我了解到像我这样的求知方向绝不是孤立的。在某种意义上说,中村氏是我这种"求知"野人的理解者,优秀的训练师。通过与中村氏的接触,我得以确信"求知"就在于来往于"中心"和"周边"的过程之中。将原本属于"中心""知识"的"哲学"引向"周边",并将在"周边"求知的"人类学"的"知识"注入"中心",为了使哲学"周边"化,中村氏在这十年来所起的作用之大是不可估量的。

中村氏和我都采用了在时间性当中弄清"求知"方向的"戏剧性求知"作为解读世界的模式,这一事实,足以使我们成为特别的"求知"旅行的伴侣。这样,在这五年之间,我与中村氏一起,继续着"求知"的往返运动。其中就有《现代思想》连载的座谈会(高阶秀尔、中村、山口共著,《图书世界》,青年社),还有包括大江健三郎氏等在内编写的《文化的现在》(岩波书店),以及以此为前提的"例会"等等的活动。虽然我的资质不能与中村氏相提并论,但是想要从根源上来重新认识世界这一热情是相同的,将抱有强烈的"求知"渴望的人卷入这种热情之中,绝不是什么毫无益处的事情吧。这种想法以这样不规范的读物形式结出果实,我们应该是不会被指责的。为了通过戏剧性的演技(表演)来表现"求知",用"旅行"来暗喻是最适合不过了。这种共同认识是本书的出发点也是终点。

在名古屋车站。我正面对着被卷入了这趟旅行的第一位受害者——编辑。

1981 年 2 月 14 日

山口昌男

《当代学术棱镜译丛》
已出书目

媒介文化系列

第二媒介时代 [美]马克·波斯特

电视与社会 [英]尼古拉斯·阿伯克龙比

思想无羁 [美]保罗·莱文森

全球文化系列

认同的空间——全球媒介、电子世界景观与文化边界 [英]戴维·莫利

全球化的文化 [美]弗雷德里克·杰姆逊 三好将夫

全球化与文化 [英]约翰·汤姆林森

后现代转向 [美]斯蒂芬·贝斯特 道格拉斯·科尔纳

文化地理学 [英]迈克·克朗

文化的观念 [英]特瑞·伊格尔顿

主体的退隐 [德]彼得·毕尔格

反"日语论" [日]莲实重彦

酷的征服——商业文化、反主流文化与嬉皮消费主义的兴起

[美]托马斯·弗兰克

超越文化转向 [美]理查德·比尔纳其 等

通俗文化系列

解读大众文化 [美]约翰·菲斯克

文化理论与通俗文化导论(第二版) [英]约翰·斯道雷

通俗文化、媒介和日常生活中的叙事 [美]阿瑟·阿萨·伯格

文化民粹主义 [英]吉姆·麦克盖根

消费文化系列

消费社会 [法]让·鲍德里亚

消费文化——20 世纪后期英国男性气质和社会空间 [英]弗兰克·莫特

消费文化 [英]西莉娅·卢瑞

大师精粹系列

麦克卢汉精粹 [加]埃里克·麦克卢汉 弗兰克·秦格龙

卡尔·曼海姆精粹 [德]卡尔·曼海姆

沃勒斯坦精粹 [美]伊曼纽尔·沃勒斯坦

哈贝马斯精粹 [德]尤尔根·哈贝马斯

赫斯精粹 [德]莫泽斯·赫斯

社会学系列

孤独的人群 [美]大卫·理斯曼

世界风险社会 [德]乌尔里希·贝克

权力精英 [美]查尔斯·赖特·米尔斯

科学的社会用途——写给科学场的临床社会学 [法]皮埃尔·布尔迪厄

文化社会学——浮现中的理论视野 [美]戴安娜·克兰

白领:美国的中产阶级 [美]C.莱特·米尔斯

论文明、权力与知识 [德]诺贝特·埃利亚斯

局外人 [美]霍华德·S.贝克尔

新学科系列

后殖民理论——语境 实践 政治 [英]巴特·穆尔-吉尔伯特

趣味社会学 [芬]尤卡·格罗瑙

跨越边界——知识 学科 学科互涉 [美]朱丽·汤普森·克莱恩

世纪学术论争系列

"索卡尔事件"与科学大战 [美]艾伦·索卡尔 [法]雅克·德里达 等

沙滩上的房子 [美]诺里塔·克瑞杰

被困的普罗米修斯 [美]诺曼·列维特

科学知识:一种社会学的分析

[英]巴里·巴恩斯 大卫·布鲁尔 约翰·亨利

实践的冲撞——时间、力量与科学 [美]安德鲁·皮克林

爱因斯坦、历史与其他激情——20世纪末对科学的反叛

[美]杰拉尔德·霍尔顿

广松哲学系列

物象化论的构图 [日]广松涉

事的世界观的前哨 [日]广松涉

文献学语境中的《德意志意识形态》[日]广松涉

存在与意义(第一卷) [日]广松涉

存在与意义(第二卷) [日]广松涉

唯物史观的原像 [日]广松涉

哲学家广松涉的自白式回忆录 [日]广松涉

国外马克思主义与后马克思思潮系列

图绘意识形态 [斯洛文尼亚]斯拉沃热·齐泽克 等

自然的理由——生态学马克思主义研究 [美]詹姆斯·奥康纳

景观社会 [法]居伊·德波

希望的空间 [美]大卫·哈维

甜蜜的暴力——悲剧的观念 [英]特里·伊格尔顿

晚期马克思主义 [美]弗雷德里克·杰姆逊

符号政治经济学批判 [法]让·鲍德里亚

经典补遗系列

卢卡奇早期文选 [匈]格奥尔格·卢卡奇

胡塞尔《几何学的起源》引论 [法]雅克·德里达

科学、信仰与社会 [英]迈克尔·波兰尼

黑格尔的幽灵——政治哲学论文集[Ⅰ] [法]路易·阿尔都塞

语言与生命 [法]沙尔·巴依

意识的奥秘 [美]约翰·塞尔

论现象学流派 [法]保罗·利科

先锋派系列

先锋派散论——现代主义、表现主义和后现代性问题

[英]理查德·墨菲

情境主义国际系列

日常生活实践 1. 实践的艺术 [法]米歇尔·德·塞托

日常生活实践 2. 居住与烹饪

[法]米歇尔·德·塞托 吕斯·贾尔 皮埃尔·梅约尔

日常生活的革命 [法]鲁尔·瓦纳格姆

当代文学理论系列

怎样做理论 [德]沃尔夫冈·伊瑟尔

21 世纪批评述介 [英]朱利安·沃尔弗雷斯

后现代主义诗学：历史·理论·小说 [加]琳达·哈琴

大分野之后：现代主义、大众文化、后现代主义 [美]安德列亚斯·胡伊森

核心概念系列

文化 [英]弗雷德·英格利斯

学术研究指南系列

美学指南 [美]彼得·基维

文化研究指南 [美]托比·米勒

《德意志意识形态》与文献学系列

梁赞诺夫版《德意志意识形态·费尔巴哈》

[前苏联]大卫·鲍里索维奇·梁赞诺夫

夏 凡 编译 张一兵 审订

当代美学理论系列

今日艺术理论 [美]诺埃尔·卡罗尔

艺术与社会理论——美学中的社会学论争 [英]奥斯汀·哈灵顿

现代日本学术系列

带你踏上知识之旅 [日]中村雄二郎　山口昌男

图书在版编目(CIP)数据

带你踏上知识之旅 /(日)中村雄二朗,(日)山口
昌男著;何慈毅译. — 南京:南京大学出版社,
2010.10
(当代学术棱镜译丛)
ISBN 978-7-305-07628-2

Ⅰ.①带… Ⅱ.①中… ②山… ③何… Ⅲ.①知识学
Ⅳ.①G302

中国版本图书馆 CIP 数据核字(2010)第 189267 号

Yujiro Nakamura and Masao Yamaguchi
CHI NO TABI ENO IZANAI
ⓒ 1981 by Yujiro Nakamura and Masao Yamaguchi
Originally published in Japanese by Iwanami Shoten,Publishers,Tokyo,1981.
The Simplified Chinese Edition published in 2010
by Nanjing University Press,Nanjing
by arrangement with the proprietor c/o Iwanami Shoten,Publishers,Tokyo.
All rights reserved
江苏省版权局著作权合同登记　图字:10-2009-409 号

当代学术棱镜译丛

出 版 者	南京大学出版社
社　　址	南京市汉口路 22 号　　　邮　编　210093
网　　址	http://www.NjupCo.com
出 版 人	左　健
丛 书 名	当代学术棱镜译丛
书　　名	带你踏上知识之旅
著　　者	[日]中村雄二郎　山口昌男
译　　者	何慈毅
责任编辑	潘琳宁　　　　　　　编辑热线:025-83685856
照　　排	南京南琳图文制作有限公司
印　　刷	徐州新华印刷厂
开　　本	635×965　1/16　印张 10.75　字数 141 千
版　　次	2010 年 10 月第 1 版　2010 年 10 月第 1 次印刷
ISBN 978-7-305-07628-2	
定　　价	20.00 元
发行热线	025-83594756
电子邮箱	Press@NjupCo.com
	Sales@NjupCo.com(市场部)